BIBLIOTHÈQUE D'HORTICULTURE

(ENCYCLOPÉDIE HORTICOLE)

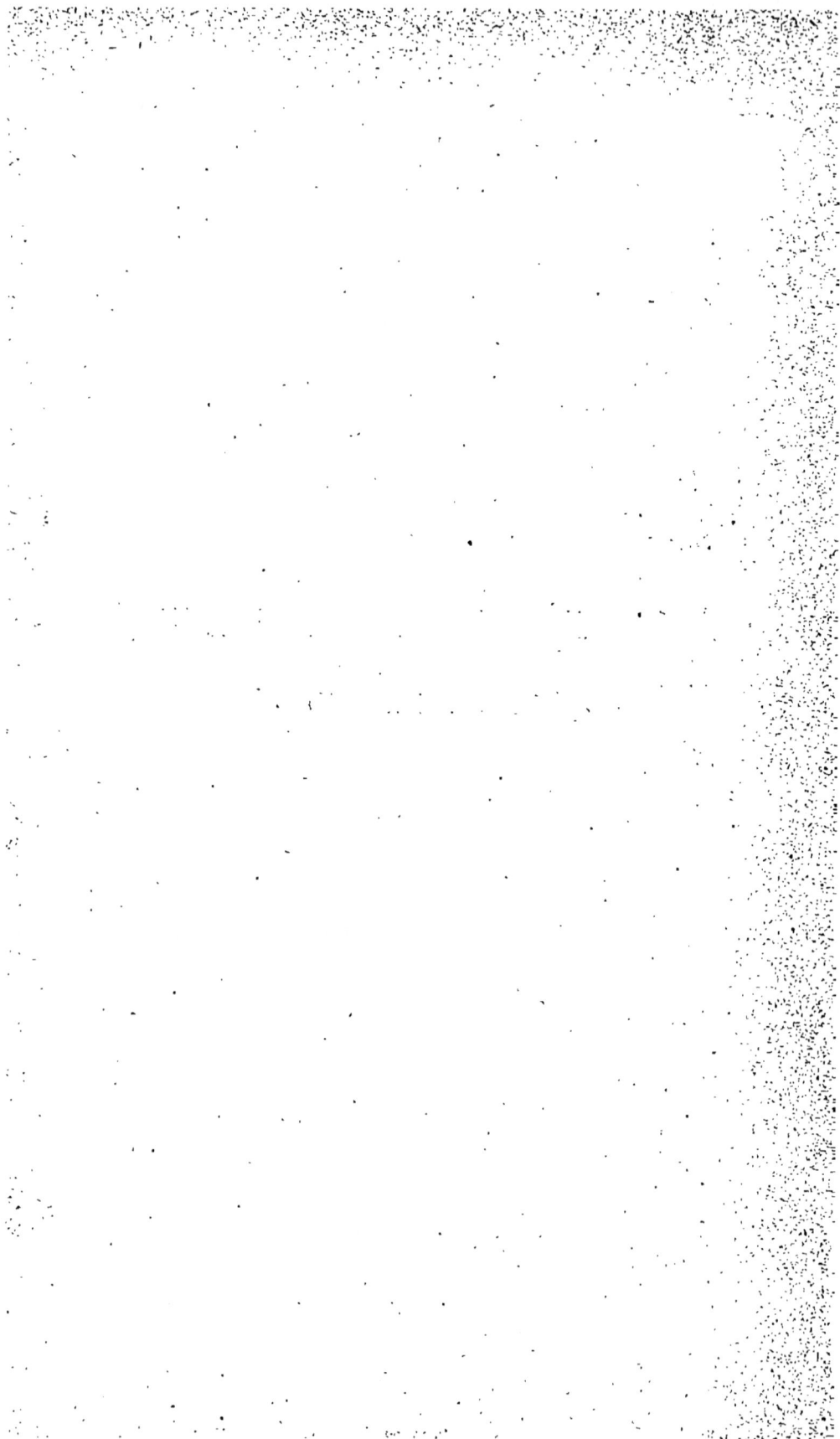

MANUEL D'ESSAIS PRATIQUES

DE

CHIMIE HORTICOLE

ESSAIS ET ANALYSES SIMPLIFIÉS

DES TERRES, EAUX, ENGRAIS, EMPLOYÉS COURAMMENT
EN HORTICULTURE

PAR

Alb. LARBALÉTRIER

Professeur à l'École d'agriculture et d'horticulture
d'Oraison (Basses-Alpes.)

AVEC 24 FIGURES DANS LE TEXTE

PARIS

OCTAVE DOIN

ÉDITEUR

8, PLACE DE L'ODÉON, 8

LIBRAIRIE AGRICOLE

DE LA MAISON RUSTIQUE

26, RUE JACOB, 26

1898

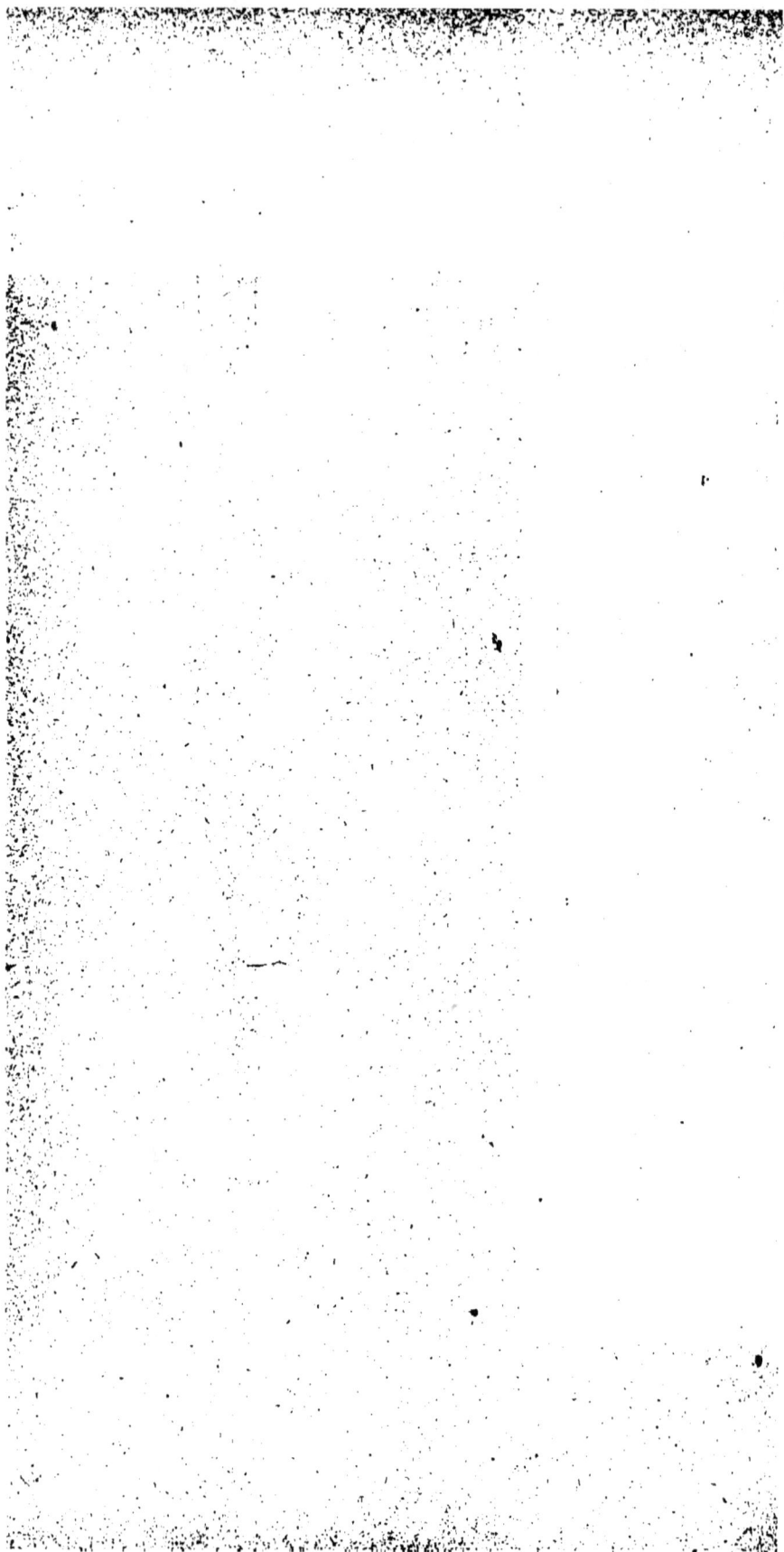

INTRODUCTION

———

Ce n'est pas, à vrai dire, un traité de Chimie appliquée au jardinage que nous présentons aujourd'hui au public horticole : c'est plus modestement un petit manuel pratique d'essais et d'analyses très simples pour la plupart, destinés à fixer l'horticulteur sur la valeur des terres, des amendements, des engrais, etc., qu'il utilise journellement. Après avoir joué un rôle de première importance en agriculture, rôle qui se continue d'ailleurs en s'accentuant tous les jours, la chimie est venue apporter son précieux concours à la culture des jardins. Aujourd'hui, bon nombre de jardiniers cherchent à se rendre un compte exact de la valeur fertilisante réelle des engrais qu'ils achètent ; ils veulent, par l'analyse du sol qu'ils cultivent, approprier ces matières fertilisantes à la nature même de leur terre et pour tout cela ils ont recours à l'analyse chimique.

Mais la chimie analytique nécessite de longues

études et une pratique suivie ; elle incombe au chimiste professionnel. Le présent ouvrage, qui s'adresse aux horticulteurs, n'a pas pour but de remplacer le chimiste, car il ne fait pas mention des analyses complexes et des dosages rigoureux. Il ne comporte que des essais simples, qui peuvent être exécutés par chacun, avec un matériel réduit et peu coûteux, avec un nombre limité de réactifs. A coup sûr, il s'y trouve quelques analyses, qui, malgré leur simplicité, ne pourront être réalisées du premier coup ; mais cet ouvrage ne vise nullement à improviser un jardinier, chimiste du jour au lendemain : il a simplement pour objet de compléter, en les expliquant, les procédés analytiques les moins complexes.

Même pour les horticulteurs, qui ne voudraient, ou ne pourraient pas, exécuter ces manipulations chimiques, soit faute de temps, soit faute d'argent, la lecture et l'étude attentive de cet ouvrage aura encore son utilité, car elle leur permettra d'apprécier et surtout d'interpréter les analyses qu'ils feront exécuter par des chimistes. Il va sans dire qu'un modeste horticulteur sera, la plupart du temps, dans ce dernier cas, et le petit laboratoire de chimie horticole, dont nous indiquons la composition dans le premier chapitre de ce manuel, ne sera réalisable que dans les grands établissements, ou tout au moins dans les exploitations de quelque importance où l'on cherche à se rendre compte des faits, ou bien encore, là où l'on poursuit des recherches originales, scientifiques ou culturales.

Nous savons fort bien qu'au point de vue rigoureusement scientifique, plusieurs des méthodes que nous préconisons dans cet ouvrage pourront être critiquées par les chimistes professionnels. Mais il ne faut pas oublier que nous avons cherché avant tout à être simple, avec une approximation suffisante pour les besoins de la pratique horticole courante. Que nous importe, par exemple, combien il y a de milligrammes d'ammoniaque dans une eau d'arrosage? C'est là de la docimasie : ce qu'il nous faut savoir et ce qui nous suffit, c'est dans le cas précité, d'être fixé sur ce point : notre eau renferme-t-elle ou ne renferme-t-elle pas d'ammoniaque? En renferme-t-elle peu ou beaucoup? Là se bornent nos investigations!

De même, ce ne sera pas une affaire d'État pour un jardinier, de trouver, par un essai facile, une proportion de 6 pour 100 d'humus dans sa terre, quand, en réalité et rigoureusement, il y en a 5,5 %.

Nous pourrions multiplier encore ces exemples, mais ceux-ci suffisent d'ailleurs pour expliquer le but par nous poursuivi.

Ce qui précède dit assez que bien souvent, et par la force même des choses, nous avons dû nous écarter quelque peu des méthodes analytiques officielles publiées par le Comité des stations agronomiques. Certes, on ne pourra pas nous en faire un reproche, car bien des chimistes, et des plus éminents, font encore de même. A ce propos, nous ne saurions mieux faire que de résumer ici quelques observations présentées par notre éminent collègue et ami M. A. Pagnoul, le savant directeur de la station agronomique du Pas-de-Calais :

« J'avoue ne pas comprendre cette réglementation absolue et immuable dans les applications d'une science essentiellement mobile et progressive. D'abord, une méthode peut être bonne entre les mains d'un chimiste et défectueuse entre les mains d'un autre : cela dépendra de certaines habitudes, du matériel et des ressources dont on dispose, des liqueurs titrées dont on a l'habitude de se servir, etc. Quelle est ensuite l'autorité qui aura qualité pour soumettre tous les chimistes à ce code inflexible et invariable ? Si la chose était possible, elle serait faite, au moins pour ce qui concerne les analyses d'engrais. Le Comité des stations agronomiques a en effet publié à ce sujet des instructions très précises. Or, on ne pouvait trouver, pour accomplir ce travail, une réunion d'hommes plus compétents et plus autorisés. Cette publication a rendu aux chimistes les plus grands services ; tous l'ont consultée avec profit, mais après comme avant, tous ont continué à chercher de nouveaux perfectionnements destinés à rendre les procédés plus rapides, plus simples, moins coûteux, pouvant conduire à des approximations plus grandes ou mieux appropriées avec le matériel dont ils disposent. Rien n'est perfectible, en effet, comme les méthodes d'analyses chimiques. Que l'on essaie un procédé nouveau, en suivant exactement la marche indiquée par l'auteur et on ne manquera pas de trouver, après un certain nombre d'opérations, quelques modifications, quelques tours de main qui rendront cette opération plus simple, plus rapide ou plus exacte... Si quelques conventions sont nécessaires, c'est seulement pour les analyses exclusivement commerciales...

Le désir d'une entente entre les chimistes pour unifier les procédés d'analyses provient surtout du défaut de concordance des résultats obtenus par divers laboratoires, mais ce défaut ne tient pas seulement à la différence des procédés ; il est encore dû à bien d'autres causes : au peu d'homogénéité des échantillons prélevés, à l'humidité qui peut varier dans le transport ou pendant les opérations, aux erreurs involontaires dans les pesées, dans les mesures de volume ou dans les calculs ; enfin on manque de soins, con-

séquence inévitable des prix dérisoires auxquels
est tombé le coût des analyses dans certains laboratoires...

Ajoutons enfin que le défaut de concordance
a aussi été signalé bien des fois entre les résultats obtenus par des laboratoires dont les analyses étaient faites suivant des méthodes officielles et imposées. »

M. Pagnoul conclut en ces termes :

« Il y aurait cependant un moyen d'arriver
peu à peu à s'entendre ; ce serait de demander
à chacun de vouloir bien faire connaître exactement et sincèrement comment il opère.

« Les moyens de publicité ne manquent pas
aujourd'hui et chacun est avide de profiter des
idées nouvelles qui peuvent se produire ; celles
qui sont bonnes surnageront, les autres dispa-
raîtront et les meilleures méthodes s'imposeront
ainsi d'elles-mêmes sans que des réglementa-
tions arbitraires et gênantes aient à intervenir.

« En résumé, éclairons-nous, mais ne nous en-
chaînons pas. »

Pour revenir à notre *Manuel d'essais pratiques*,
remarquons, en outre, que systématiquement
nous avons écarté les généralités et les faits
acquis concernant les sols, terrains, composts,

engrais, etc., employés par l'horticulture, car
on trouvera à ce sujet les détails les plus
complets dans deux autres ouvrages faisant déjà
partie de cette collection (1). Nous avons borné
nos investigations aux analyses de ces substances. Pour les engrais chimiques, nous avons
surtout insisté sur leur détermination, afin
qu'on ne confonde pas, par exemple, un nitrate de soude avec un superphosphate. Nous
avons aussi donné les procédés les plus simples pour rechercher les falsifications dont ces
engrais commerciaux sont si souvent l'objet.

Ainsi compris, nous osons espérer que ce
manuel, sans autre prétention, pourra rendre
quelque service au public horticole auquel il
s'adresse.

(1) H. Joulie et Desbordes. *Les engrais en horticulture.*
G. Truffault. *Sols, terrains et composts, utilisés par l'horticulture.*

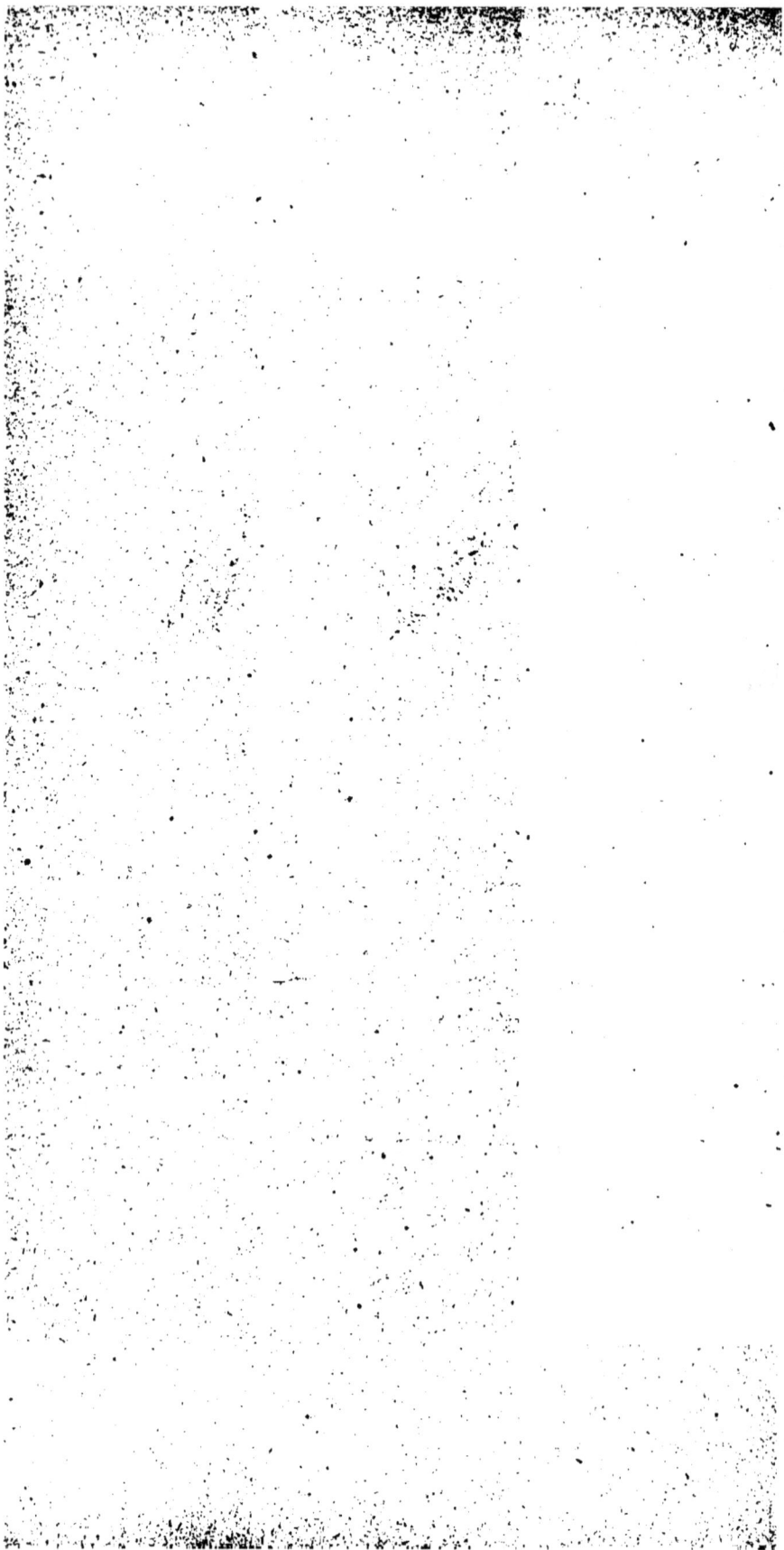

MANUEL D'ESSAIS PRATIQUES

DE

CHIMIE HORTICOLE

CHAPITRE PREMIER.

INSTRUMENTS ET RÉACTIFS D'UN USAGE GÉNÉRAL.

L'analyse chimique, appliquée aux substances agricoles et surtout horticoles, est une étude longue et difficile, nécessitant une longue pratique et un laboratoire bien outillé. Mais, sans être chimiste dans la véritable acception du mot, il est cependant certains essais et même quelques analyses simples que les horticulteurs peuvent effectuer eux-mêmes après quelques exercices préalables.

Pour y parvenir, point n'est besoin d'un laboratoire proprement dit. Cependant, quelques appareils simples et un certain nombre de produits sont indispensables : ce sont eux que nous voulons tout d'abord décrire.

Balance. — Les analyses qu'un horticulteur peut avoir à faire ne nécessitent pas l'emploi d'une balance de haute précision, instrument d'un maniement difficile et d'ailleurs d'un prix élevé. Un trébuchet d'analyses ou balance de demi-précision, semblable à ceux des pharmaciens (fig. 1), suffira pour cela.

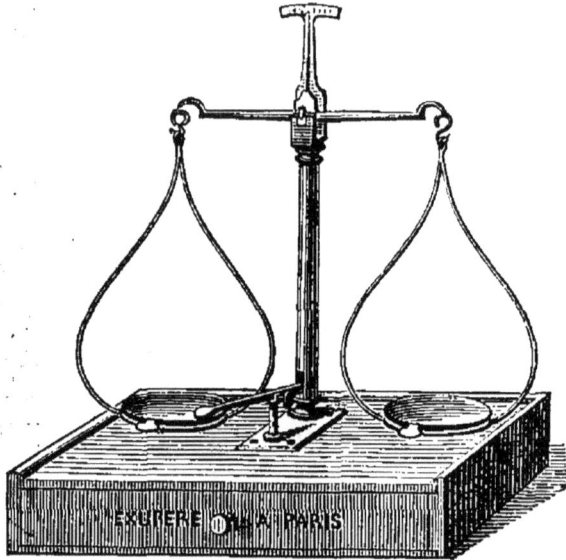

Fig. 1. — Balance de demi-précision ou trébuchet d'analyse.

Le prix d'un appareil de ce genre, pouvant porter 100 grammes et oscillant nettement à 5 milligrammes, varie entre 30 et 40 francs.

Il va sans dire qu'il faudra une série de poids : le gramme et ses multiples sont le plus souvent en cuivre et devront être bien entretenus (comme la balance elle-même) ; les sous-multiples, seront de préférence en platine ou en *aluminium*, métal léger et peu oxydable, par cela même très avantageux.

Autant que possible on opérera les pesées par la méthode de Borda (double pesée) qui est la plus rigoureuse, quelle que soit la balance dont on fasse usage (1).

Thermomètre. — Pour les essais, d'ailleurs fort simples, que nous aurons à examiner par la suite, il sera souvent utile d'opérer à une température déterminée. Il faudra faire usage pour cela d'un thermomètre *à mercure*, gradué en degrés (ou même de préférence, en demi-degrés) allant de — 30 à + 200. Les instruments de ce genre *gravés sur verre* sont à préférer ; leur prix varie entre 5 et 6 francs.

Aréomètres. — Souvent, dans les pages qui suivent, nous avons occasion de parler d'un liquide, acide, ou autre, marquant tel degré Baumé. Il nous faut donc dire un mot de l'aréomètre de Baumé, qui sert à prendre le degré de concentration d'un liquide.

Il y a deux sortes d'aréomètres de Baumé.

Le premier sert pour les liquides plus denses que l'eau ; on lui donne le nom de *pèse-sirop*, *pèse-acides*, *pèse-sels*. C'est un tube cylindrique, en verre, portant

---

(1) Voici comment M. A. Guillet conseille d'effectuer la *double pesée* : « On équilibre le poids du corps de masse x placé dans l'un des plateaux au moyen d'un corps fixe quelconque appelé *tare* (avec de la grenaille de plomb ou une série de masses auxiliaires) placé dans l'autre plateau.

L'équilibre établi, on a, en désignant par T la masse inconnue de la tare :
$$l\,(xg + p) = (Tg + p)\,l'$$
En substituant au corps des masses marquées m capables d'équilibrer la même tare, il vient :
$$l\,(mg + p) = (Tg + p')\,l'$$
d'où :
$$x = m$$
(Voy. GUILLET : *Cours de Physique*. O. Doin, édit. Paris.)

à sa partie inférieure un tube plus large terminé par une petite boule convenablement lestée avec du plomb ou du mercure. La graduation de l'instrument est telle que, plongé dans l'eau, il s'enfonce jusqu'à la partie supérieure de la tige : à ce point se trouve le *zéro*. Au point où l'instrument s'arrête lorsqu'il est plongé dans un mélange de 15 parties de sel marin et 85 parties d'eau, est marqué le chiffre 15 et l'intervalle est divisé en 15 parties égales constituant chacune un degré Baumé. Il va sans dire que la graduation est continuée sur toute la longueur du tube.

Le second aréomètre de Baumé sert pour les liquides moins denses que l'eau, il est communément appelé *pèse-liqueur* ou *pèse-esprit*. La graduation seule le différencie du précédent. Pour la déterminer, l'instrument est plongé dans un mélange de 90 parties d'eau pure et de 10 parties de sel marin. L'appareil est lesté de telle sorte que, plongé dans ce mélange, il s'enfonce jusqu'à la naissance du tube, point où se trouve marqué le degré *zéro*. Il est ensuite plongé dans l'eau pure, où il s'enfonce davantage : à ce point est marqué le chiffre 10 et l'intervalle est partagé en 10 parties égales. La graduation est prolongée jusqu'au bout du tube (1).

Toutefois, le degré de concentration d'une solution ne représente pas la densité réelle.

Or, un travail récent de MM. Berthelot, Coulier et d'Alméida a fixé avec exactitude le rapport qui *doit* exister, d'après la définition donnée par Baumé du 15e degré de son pèse-sel, entre les densités et les indications de l'aréomètre. La table suivante, empruntée à

_____

(1) Les aréomètres de Baumé de l'un ou l'autre système se vendent couramment dans le commerce de 5 à 6 francs pièce.

l'*Agenda du chimiste*, servira à évaluer les densités d'après les degrés des instruments gradués selon les indications de ces savants :

Table des densités à $+12°,5$ correspondant aux degrés d'un aréomètre Baumé

0	0.999.5	19	1.146	38	1.343	57	1.621
1	1.006	20	1 155	39	1.355	58	1 639
2	1.013	21	1.164	40	1.367	59	1.637.5
3	1.020	22	1.173	41	1.380	60	1.676
4	1.027	23	1.182.5	42	1.393	61	1.675
5	1.034	24	1.192	43	1.4 6	62	1.715
6	1.041	25	1.201.5	44	1.419.5	63	1.735
7	1.048.5	26	1.211	45	1.433.5	64	1.755.5
8	1.056	27	1.221	46	1.447.5	65	1.776.5
9	1.064	28	1.231	47	1.461.5	66	1.798
10	1.071.5	29	1.241.5	48	1.476	67	1.820
11	1.079	30	1.252	49	1.491	68	1.842.5
12	1.087	31	1.263	50	1.506	69	1.866
13	1.095	32	1.273.5	51	1.521.5	70	1.890
14	1.103	33	1.284	52	1.537	71	1.915
15	1.111.5	34	1.296	53	1.553.5	72	1.939
16	1.120	35	1.307	54	1 570	73	1.965
17	1.128.5	36	1.319	55	1.587	74	1.991
18	1.137	37	1.331	56	1.604	75	2.018

Instruments de trituration. — Mortiers et tamis. — « Beaucoup de substances, telles que les marnes, les terres, certains engrais, etc., dit M. Pouriau, peuvent être pulvérisées dans des *mortiers* (fig. 2) en fonte ou en porcelaine ; mais, pour que cette pulvérisation s'effectue facilement, il faut que ces matières aient été préalablement desséchées à l'air libre ou dans un des appareils indiqués plus loin.

De plus, pour arriver à obtenir une poudre composée d'éléments également ténus, on doit jeter de temps en temps sur un tamis plus ou moins fin la matière soumise à la trituration. Par l'agitation on sépare les parties les plus grossières, que l'on soumet ensuite à une nouvelle pulvérisation.

Fig. 2. — Mortier.

Siphon. — Très fréquemment, dans les manipulations chimiques, même les plus simples, on se trouve dans la nécessité de décanter un liquide. La décantation n'est pas toujours facile et, quel que soit le procédé qu'on adopte, il est essentiel de laisser reposer le liquide assez longtemps, pour que les couches à séparer l'une de l'autre soient bien distinctes.

Le siphon est l'instrument le plus fréquemment employé pour les décantations ainsi que pour le transvasement d'un liquide d'un niveau supérieur à un niveau inférieur. Il est surtout précieux en ce sens que le transvasement se produit sans le secours d'aucune force mécanique, par le seul effet de la pression atmosphérique.

Le siphon usuel, dit le Dr C. Decharme, est un simple tube recourbé en V ou en U renversé, à branches inégales, la plus courte plongeant dans le liquide à transvaser, la plus longue servant à le déverser à un niveau inférieur. Celui des laboratoires est en verre ou en caoutchouc; dans l'industrie, il est en fer-blanc, quelquefois en platine, pour les acides.

Le principe sur lequel repose l'emploi du siphon est très simple; son fonctionnement est dû à la différence des pressions que supporte le liquide aux deux extrémités du tube ou plutôt à la différence de niveau du liquide dans les deux vases où plongent les deux branches de l'instrument. Voici comment on explique l'écoulement continu du liquide : supposons le siphon plein de liquide (amorcé), la petite branche plongeant dans le liquide et la grande tenue fermée. D'après les lois de l'hydrostatique, la pression est la même dans les deux branches au niveau du premier vase. Au-dessous de ce plan dans la grande branche, les couches de liquide supportent la pression de celles qui sont au-dessus. Si l'on débouche, la colonne d'eau tombera; mais comme il ne peut se faire de vide au-dessus d'elle, le liquide suivra d'une manière continue et l'écoulement se fera en vertu de la différence de niveau.

L'amorcement du siphon a la plus grande importance. On emploie, pour y parvenir, différents moyens, suivant la nature des liquides à transvaser. Le procédé ordinaire consiste à aspirer avec la bouche à l'extrémité de la plus longue branche, quand la nature du liquide permet de procéder ainsi ou en remplissant d'abord les deux branches pour les renverser ensuite en plongeant la plus courte dans le liquide, avec la précaution de tenir chacune des deux bouchées avec un doigt jusqu'après l'immersion. Dans le cas où le liquide n'est pas inoffensif, on emploie, pour raréfier l'air dans le siphon, une boule en caoutchouc, soit un tube en caoutchouc que l'on comprime entre les doigts en se rapprochant de plus en plus de l'ouverture d'écoulement. Le plus souvent, le siphon est muni à sa partie inférieure d'un tube qui remonte le long de la grande branche et qui est quelquefois surmonté d'une boule avec un tube d'aspiration. D'autres fois, cette boule est fermée. Après l'avoir chauffée pour dilater l'air qu'elle contient et bouché l'ouverture inférieure, on plonge la petite branche dans le liquide à transvaser. A mesure que la température s'abaisse, le liquide monte dans la petite branche et quand il est arrivé au-dessous du niveau, on débouche le siphon.

On amorce aussi en soufflant de l'air avec un tube dans la petite branche ou dans un vase où elle aboutit (1).

Bain-marie et bain de sable. — Rien de plus simple qu'un bain-marie à deux vases quelconques, en métal, l'un plus petit que l'autre, le plus grand contenant de l'eau et reposant directement sur le foyer.

Quant au bain de sable, également d'un emploi très courant, il se compose d'un vase quelconque, métallique de préférence, plutôt plat, et renfermant du sable fin et sec qu'on pose sur le foyer.

Dessiccation. Etuve. — La dessiccation est un des prélimaires les plus importants de l'analyse

_____

(1) *Dictionnaire de l'Industrie et des Arts industriels*, de E.-O. LAMI.

chimique, même simplifiée. C'est aussi le procédé de dosage employé pour reconnaître et déterminer la quantité d'eau ou d'humidité contenue dans une matière.

Souvent on fait usage d'un simple four, d'un foyer domestique quelconque; mais, ici, la température qu'il ne faut pas dépasser est assez difficile à déterminer.

Lorsqu'on ne dispose pas d'un laboratoire bien installé et surtout quand on n'a pas le gaz à sa disposition, le plus simple est d'employer l'étuve à huile de Gay-Lussac, dont le prix est d'environ 50 francs (fig. 3).

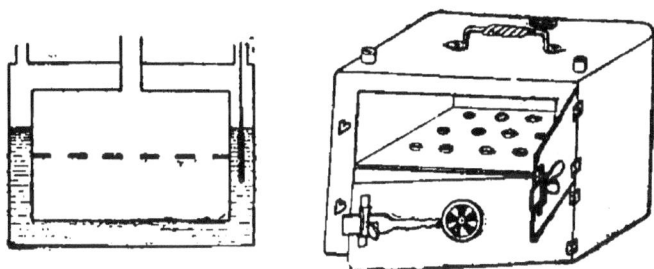

Fig. 3. — Etuve de Gay-Lussac.

En tous cas, avant de dessécher la substance, il faut, quand cela est possible, la pulvériser au préalable.

On ne considérera la dessiccation comme complète que lorsque deux pesées consécutives, faites à une heure d'intervalle, ne donneront plus de différence de poids.

Appareils à incinération. — La substance étant desséchée, c'est-à-dire privée d'eau, il faut très souvent la débarrasser de ses matières organiques pour ne conserver et peser que les cendres ou matières minérales. Pour cela on fait usage, soit de la lampe de Berzelius à double courant d'air (fig. 4) soit du fourneau à moufle ou fourneau de coupelle (fig. 5), dont on trouvera la description plus loin (Fumiers et composts). Les incinérations, par l'un ou

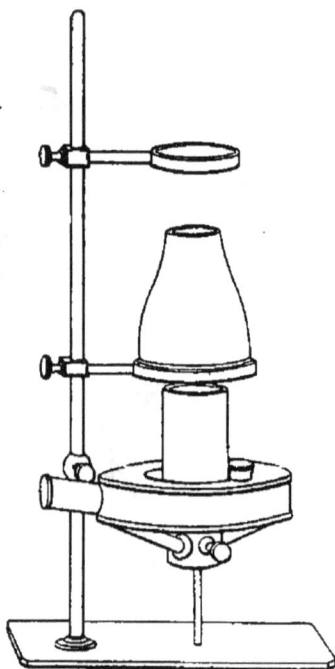

Fig. 4. — Lampe à double courant d'air de Berzelius.

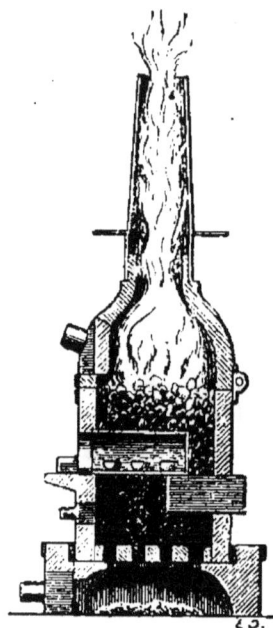

Fig. 5. — Fourneau de coupelle pour incinération.

l'autre de ces appareils se font dans des capsules en terre ou en platine.

Filtrations et lavage des précipités. — Pour les filtrations il faut faire usage, non pas d'entonnoirs métalliques, qui sont attaqués par les métaux, mais d'entonnoirs en verre, placés sur un support quelconque. Le papier à employer sera du papier non collé, dit *papier à filtre.*

Autrefois, dans les laboratoires, on passait un temps très long à confectionner et à plisser des filtres ;

il est beaucoup plus simple aujourd'hui de faire usage des filtres en papier tout préparés qu'on trouve à un prix minime dans le commerce (filtres **Laurent** ou autres . Le liquide à filtrer ne doit pas être versé directement sur le filtre de papier (car on risquerait de le crever); il faut le verser le long d'une baguette en verre plein ou *agitateur*, que l'on tient verticalement au-dessus du filtre. On aura soin aussi que le liquide ne tombe pas au fond du filtre, mais un peu sur les bords, à une faible distance du fond cependant. Lorsque le précipité a été réuni en totalité **sur** le filtre, il faut procéder à son lavage, opération ayant pour but de le débarrasser de tous les éléments solubles qu'il peut retenir.

On se sert pour cela le plus souvent d'eau distillée, contenue dans une pissette ou fiole à jet de Gmelin (fig. 6 , qui sert aussi à laver le vase qui contenait le liquide à filtrer.

L'instrument appelé fiole à laver ou fiole à jet consiste, dit M. Jung-fleisch, en un vase quelconque à ouver-

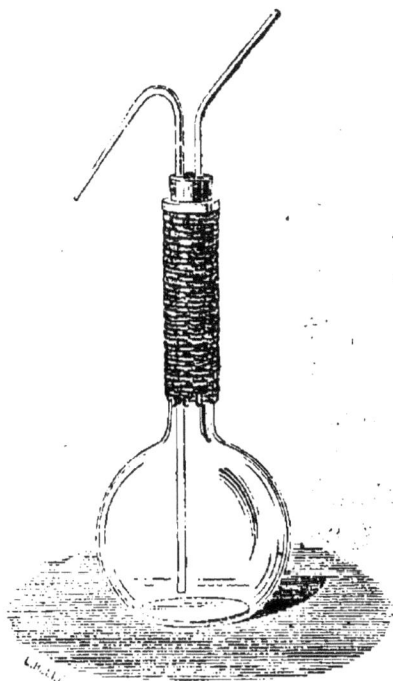

Fig. 6. — Fiole ou pissette à jet.

ture étroite, un matras à fond plat le plus souvent, que l'on ferme au moyen d'un bouchon percé de deux trous; par l'un de ces trous, pénètre, jusqu'au fond du vase, un tube de verre recourbé de plus de 90° à quelques centimètres au-dessus du bouchon et effilé à son extrémité extérieure; par l'autre, passe un second tube ouvert intérieurement un peu au-dessous du bouchon et recourbé au dehors, sa branche libre se trouvant sensiblement sur le prolongement de la branche extérieure du premier tube. Le vase contenant de l'eau distillée, si on souffle avec la bouche par le second tube, l'air se comprime dans le matras, chasse le liquide dans le premier tube et le fait sortir par l'orifice effilé; l'eau s'échappe sous la forme d'un jet mince, animé d'une vitesse d'autant plus grande que l'on souffle plus fort. Ce jet peut être dirigé sur toutes les surfaces auxquelles adhère la matière solide à entraîner.

Dans le commerce, ces fioles, dont la gorge est généralement recouverte d'osier, pour éviter le glissement dans les mains, se vendent de 1 fr. 50 à 2 francs, suivant la taille.

Autres ustensiles. — Indépendamment des appareils ci-dessus et de quelques autres, dont il sera question au fur et à mesure, il faut avoir :

Une ou plusieurs lampes à alcool, soit 1 fr. 50 à 2 francs;

Une ou deux burettes graduées en centimètres cubes et demi-centimètres cubes, soit 2 francs.

Des verres à précipités, de 0 fr. 15 à 0 fr. 25 la pièce, selon la taille (fig. 7).

Enfin, deux ou trois ballons et matras en verre, ainsi que des capsules en porcelaine.

Les ustensiles en verre ne seront jamais chauffés directement à flamme nue, mais bien sur une toile **métallique, qui répartira la chaleur et évitera les explosions.**

Réactifs. — Nous ne pouvons songer ici à énumérer les réactifs nécessaires aux analyses et essais horticoles, ils seront mentionnés au fur et à mesure. Cependant il en est deux qu'il est indispensable de posséder en quantités assez grandes : d'une part, de l'*eau distillée*; d'autre part, de la *teinture bleue de tournesol*. Cette dernière substance étant d'une préparation assez délicate, nous conseillons de se la procurer toute faite ; son prix est, d'ailleurs, très minime et oscille entre 2 francs et 2 fr. 50 le kilogramme.

Fig. 7. — Verre à précipités.

On sait que les *acides* ont la propriété de colorer

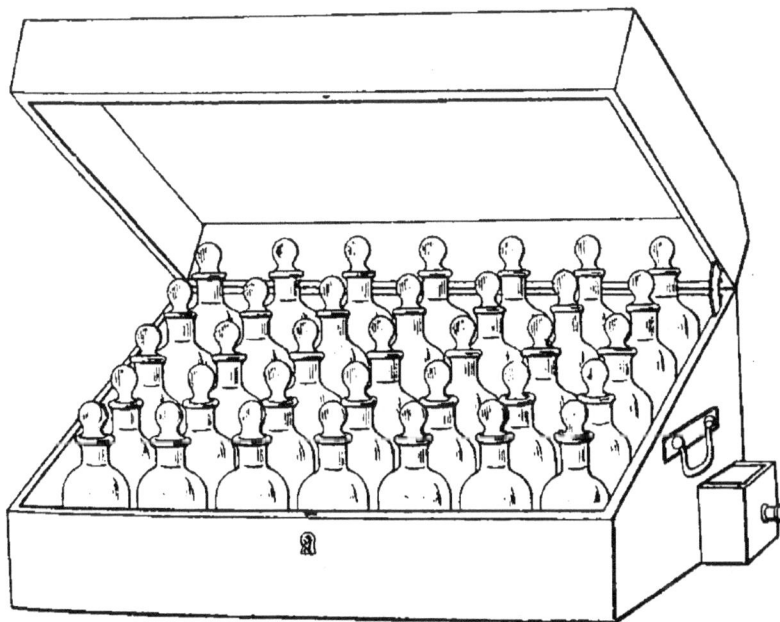

Fig. 8. — Boîte à réactifs.

en rouge la teinture bleue de tournesol, tandis que les *bases* ramènent au bleu la teinture de tournesol rougie par un acide.

Il sera bon aussi d'avoir quelques feuilles ou plutôt quelques bandelettes de papier de tournesol rouge et bleu (ces feuilles coûtent de 0 fr. 15 à 0 fr. 25 pièce).

Pour les autres réactifs, nous ne saurions trop. conseiller l'achat d'une boite dite *à réactifs* (fig. 8), par exemple de trente-cinq flacons, ayant chacun une contenance de 90 grammes. Une pareille boite, avec les flacons pleins, coûte de 60 à 70 francs.

Voici, à titre d'indication, la composition d'une de ces boites à réactifs, dont les produits devront être d'une pureté absolue.

Nᵒˢ	Nos
1. Acide acétique.	19. Chlorure de baryum.
2. — azotique.	20. — de platine.
3. — chlorhydrique.	21. — d'or.
4. — hydrofluosilicique.	22. Cyanure de potassium.
5. — sulfurique.	23. Ferri-cyanure de potassium.
6. — tartrique	
7. Acétate de baryte.	24. Ferro-cyanure de potassium.
8. — de plomb.	
9. — de soude.	25. Hyposulfite de soude.
10. Ammoniaque.	26. Iodure de potassium.
11. Azotate d'argent.	27. Oxalate d'ammoniaque.
12. — de baryte.	28. Perchlorure de fer.
13. Azotate de bismuth.	29. Phosphate d'ammoniaque.
14. Baryte.	30. Phosphate de soude.
15. Bichromate de potasse.	31. Potasse.
16. Carbonate d'ammoniaque.	32. Sulfate de cuivre.
17. — de soude.	33. — de fer.
18. Chlorhydrate d'ammoniaque.	34. — de magnésie.
	35. Sulfhydrate d'ammoniaque.

On aura soin de tenir toujours les flacons bien bouchés, et pour éviter l'adhérence des bouchons à l'émeri au goulot des flacons, on enduira très légèrement les bouchons avec un peu de vaseline.

La boite à réactifs sera conservée à l'abri de la lumière.

CHAPITRE II

LES TERRES. ANALYSE PHYSICO-MÉCANIQUE

Dans le langage courant, on attache, en général, une grande importance à la distinction des terres végétales dites *de jardins* et des terres *des champs*. Il y a là une exagération susceptible de tromper les personnes non familiarisées avec la chimie agricole, car les unes et les autres sont formées des mêmes éléments physiques et chimiques : les proportions seules sont différentes. En effet, les terres de jardins comme les terres des champs peuvent avoir une dominante minéralogique : les unes sont *fortes* ou argileuses, les autres *légères* ou sableuses, mais toujours les premières sont caractérisées par la présence d'une plus forte quantité d'*humus*, résultant de la décomposition des engrais organiques, et plus particulièrement du fumier de ferme qu'on y a incorporé.

C'est dire tout de suite que les terres de jardin, comme toutes les autres, participent, pour la plupart, de la nature du sous-sol, sur lequel elles reposent. A ce point de vue, l'étude géologique peut intervenir très utilement, mais le cadre de cet ouvrage ne nous permet pas de nous y arrêter.

Dans la grande majorité des cas, cependant, les bonnes terres de jardins résultent de la désagrégation des alluvions. Elles sont situées dans les fonds plutôt que dans les terrains montagneux.

Quoi qu'il en soit, il importe de connaître leurs propriétés physiques et chimiques, afin de les cultiver d'une manière rationnelle. Mais, avant de procéder à leur analyse, il faut prélever l'échantillon moyen sur lequel portera celle-ci, et ce prélèvement est de la plus haute importance.

De la prise des échantillons. — La surface du sol est d'abord nettoyée avec une pelle pour enlever les feuilles sèches, les pierres, les débris, etc.; puis, la place étant bien propre, on pratique à la bêche un trou à parois aussi verticales que possible, sa profondeur doit être celle de la couche arable, sans toucher le sous-sol; autrement dit, la profondeur sera celle des labours ordinaires donnés au jardin ; la fosse étant creusée et nettoyée, on enlève une tranche verticale de terre d'environ un demi kilogramme.

On répète ce prélèvement sur autant de points qu'il est nécessaire pour obtenir une représentation moyenne aussi exacte que possible, soit six ou huit prélèvements par hectare.

On réunit ensuite tous les échantillons dans une bâche, et on les mélange aussi intimement que possible, de manière à avoir un échantillon moyen d'environ 5 ou 6 kilogrammes (1).

La bêche peut être avantageusement remplacée par une sonde. M. A. Pagnoul, directeur de la station agronomique d'Arras, en a fait construire une qui convient parfaitement pour cet usage. Cette sonde, d'une longueur de 90 centimètres, et dont le

---

(1) Sur cet échantillon, on prend 1 kil. 500 à 2 kilogrammes, quantité suffisante pour l'analyse complète.

poids n'est que de 600 à 700 grammes, ce qui **rend** son transport très facile, présente inférieurement **la** la forme d'une vrille, et cette disposition permet à la terre de se maintenir dans le demi-cylindre ainsi contourné. Chaque coup de sonde à 25 centimètres de profondeur enlevant 30 à 60 grammes de terre, on peut, en dix minutes, prélever l'échantillon de 1 kil. 500 suffisant pour l'analyse complète. Ce moyen, joint à une grande rapidité d'exécution le grand avantage de pouvoir prélever l'échantillon, même sur les terres emblavées, sans nuire aux récoltes.

Pour prendre des échantillons du sous-sol, on procède exactement de la même manière, soit avec la bêche, soit avec la sonde, en utilisant les petites fosses ou les trous faits en vue du prélèvement du sol.

Comme le fait observer M. Grandeau, la nature, l'aspect et la disposition des couches indiquent à quelle profondeur il faut prélever le sous-sol ; en général, une profondeur égale à celle du sol cultivé suffit. Si la couche arable a 0^m15 de profondeur, on prélèvera le sous-sol sur la même profondeur. La profondeur à laquelle pénètre la masse des racines des plantes récoltées dans le terrain fournit, d'ailleurs, une indication précieuse **sur ce** point.

Préparation de la terre. — La terre est séchée à l'air, puis émiettée à la main. Après cet émiettement, la terre est abandonnée à l'air libre en la remuant de temps en temps, de manière à lui faire perdre son eau hygrométrique.

Quand elle est suffisamment sèche, on en **triture**

environ 100 grammes dans un mortier en porcelaine avec un pilon en bois.

La terre ainsi traitée est passée au travers d'un tamis de 10 mailles environ par centimètre carré; on peut même se servir pour cela d'un passe-bouillon à défaut de tamis. Les plus gros grains qui restent ont à peu près la dimension d'une tête d'épingle.

On a séparé à la main les *pierres*, plus volumineuses. Celles-ci sont agitées avec de l'eau et au besoin frottées de manière à en détacher les parties pulvérulentes; l'eau trouble est ajoutée à celle qu'on emploie pour séparer le *sable* de l'*impalpable*.

Divers appareils ont été proposés pour effectuer cette séparation. Un des plus simples est celui de M. Masure (fig. 9), dont nous empruntons la description à M. Peligot.

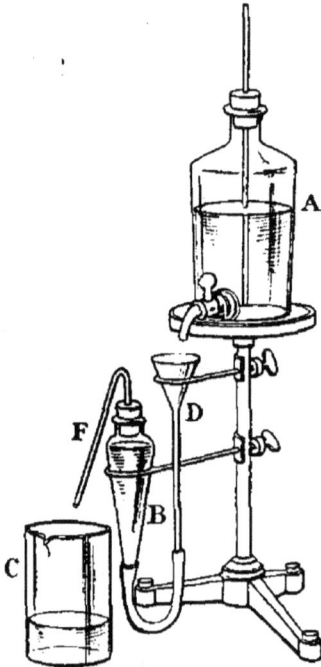

Fig. 9. — Appareil Masure.

Séparation du sable de l'argile. — Appareil Masure. — La terre tamisée, dont on prend 10 à 15 grammes, est soigneusement délayée; elle est introduite dans l'allonge B; un courant d'eau distillée (1), exempte de sels calcaires, s'écoule du

_____

(1) Ou, à défaut, d'eau de pluie.

vase supérieur A, muni d'un tube de Mariotte qui permet d'obtenir un écoulement régulier et constant. Cette eau soulève la terre de l'allonge reliée au tube vertical D par un tube en caoutchouc E ; elle met en suspension les parties les plus divisées (l'argile, l'impalpable), qui sont reçues dans le vase C; les parties les plus lourdes, le sable, restent dans la partie étroite de l'allonge. Il est essentiel de maintenir au même niveau les deux branches de cette sorte de siphon, afin qu'il ne se vide pas de lui-même dans le récipient C.

L'eau s'écoule par le tube F, dont le diamètre est plus petit que celui du tube vertical D; lorsqu'elle arrive limpide, l'opération est terminée. On sépare, en le comprimant, le tube de caoutchouc B; on le place au-dessus d'une capsule de porcelaine dans laquelle on recueille aussi le sable de l'allonge; on décante l'eau et on pèse le sable après dessiccation dans une étuve chauffée à 110°.

Comme contrôle, on peut recueillir sur un filtre taré, qu'on dessèche à la même température, l'impalpable que referme le vase C. Le poids des deux deux produits doit donner sensiblement le poids de la terre soumise à cet examen.

On a également séché les pierres retenues par le tamis. Ces pierres n'ont le plus souvent qu'un rôle insignifiant (1).

L'appareil de Masure tout monté revient à 15 ou 16 francs environ.

Appareil de Noebel. — Pour le même usage, on peut se servir du dispositif de Noebel, qui est très

_____

(1) Eug. PELIGOT, *Traité de chimie analytique.*

commode, mais dont le prix est un peu plus élevé
(40 fr. environ).

Quand l'échantillon a été tamisé, on en prend
30 grammes que l'on fait bouillir pendant quelques

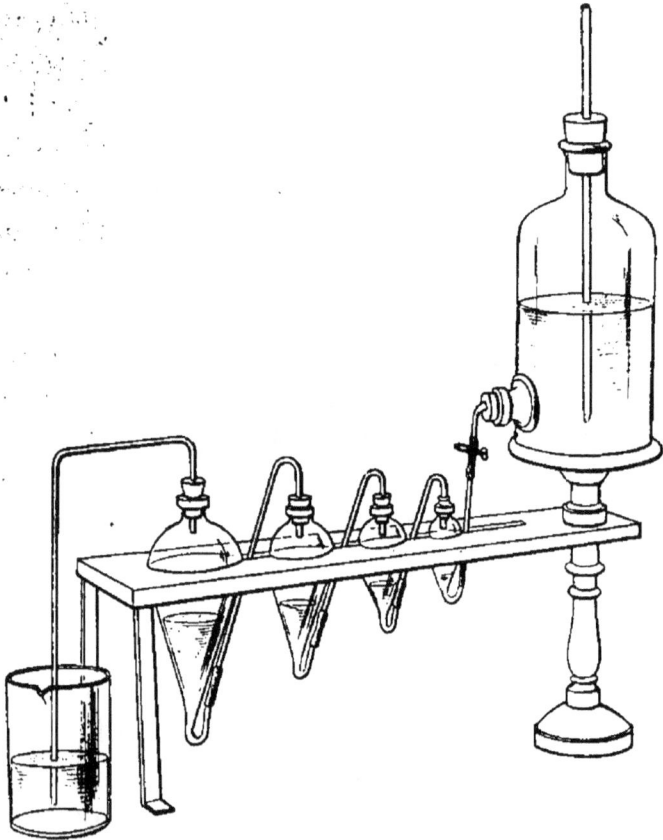

Fig. 10. — Appareil de Noebel.

heures avec de l'eau. On laisse reposer quelques minutes et on jette la plus grande partie du liquide
trouble dans l'entonnoir du milieu ; on remue le
dépôt avec le moins d'eau possible, et on le fait
tomber dans le plus petit entonnoir. On monte alors
l'appareil tel que le montre la figure 10, et on ouvre
le robinet du réservoir de façon qu'en 20 minutes les

9 litres contenus dans le flacon se soient écoulés.

Au bout de vingt minutes, on ferme le réservoir. Les entonnoirs contiennent ensemble 4 litres d'eau, tandis que dans le vase à précipiter il y en a 5 d'eau trouble. On laisse la terre se reposer dans tous les vases et le liquide se clarifier complètement, et on fait passer les dépôts sur des filtres pesés. On sèche tous ces dépôts à 125°. Après la pesée, on mesure la perte de poids que chaque partie éprouve par la calcination. La séparation s'est effectuée de la manière suivante : le contenu du premier entonnoir se compose de petits fragments de petites pierres ; le contenu du deuxième est du sable grossier, celui du troisième du sable fin, celui du quatrième du sable argileux, celui du cinquième de la substance argileuse.

Par l'un ou l'autre de ces modes opératoires, nous sommes donc fixés sur la teneur de la terre en argile et en sable, nous savons si la terre est *forte* ou *légère* suivant la prédominance de l'un ou l'autre de ces éléments. Il nous reste, pour compléter l'analyse physico-mécanique, à déterminer la proportion de calcaire et d'humus.

Détermination du calcaire. — Le calcaire ou carbonate de chaux joue un rôle de première importance dans les terres arables, tant dans les terres agricoles que dans celles des jardins. Ce rôle est à la fois physico-mécanique et chimique.

1° Il sert en partie de nourriture aux plantes, car on retrouve la chaux dans les cendres de toutes les plantes cultivées.

2° Il favorise la décomposition des matières organiques.

3° Il neutralise l'acidité des terres.

4° Il corrige l'excès de ténacité des terres argileuses et donne du liant aux sols trop siliceux.

Le **dosage** du calcaire est d'autant plus important que cette substance ne persiste pas indéfiniment dans les terres. Sous l'influence de l'eau et de l'acide carbonique, le calcaire se dissout lentement à l'état de bicarbonate de chaux et s'élimine peu à peu. Cette dissolution s'effectue suivant une loi parfaitement déterminée par M. Schlœsing.

Il existe un très grand nombre de méthodes pour déterminer la proportion de calcaire, nous n'indiquerons que les deux plus simples.

PREMIER PROCÉDÉ. — Il comporte la détermination approximative, très suffisante pour les besoins de la pratique. C'est celui dont se sert journellement M. Pagnoul à la station agronomique d'Arras.

On introduit la terre dans un ballon muni d'un tube de dégagement convenablement disposé, on ajoute un acide et on compte le nombre de bulles gazeuses qui se dégagent.

L'appareil très simple employé pour cette opération, est représenté fig. 11 ; il est en verre soufflé et se vend 5 francs (appareil de Rohrbeck).

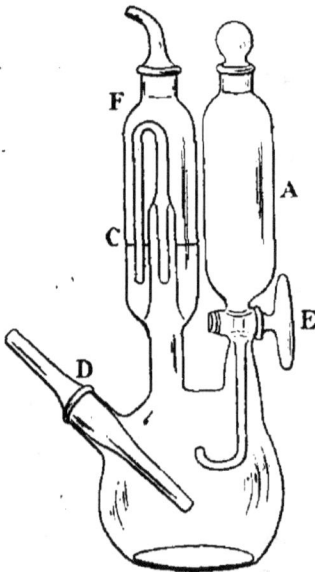

Fig. 11.
Appareil de Rohrbeck.

· On introduit par l'ouverture D, 1 à 10 décigrammes de terre (selon sa richesse approximative en calcaire), puis quelques centimètres cubes d'eau dans le tube A. On ouvre le robinet E pour laisser couler l'eau sur la terre, on le ferme sans laisser rentrer l'air dans le tube effilé, puis on verse en A 2 centimètres cubes d'acide azotique et on ferme l'ouverture D. On introduit un peu d'eau dans le second tube jusqu'en C, on ouvre doucement le robinet E et on compte le nombre de bulles qui se dégagent en C, en ayant soin de tenir à la main le tube A et non le ballon, pour ne pas l'échauffer. On agite à la fin pour compléter le dégagement. On a déterminé une fois pour toutes le nombre de bulles déplacées par l'introduction de 2 centimètres cubes d'acide azotique dans le ballon vide et le nombre de bulles obtenu par la décomposition d'un poids donné de calcaire, d'où on a pu conclure le poids de calcaire correspondant à une bulle. Avec l'appareil dont M. Pagnoul se sert, les 2 centimètres cubes de liquide déplacent 20 bulles. Or 1 centimètre cube d'acide carbonique pèse à 0° et en milligrammes 1 m. 9774.

Une bulle, en opérant à cette température, correspondrait donc à 0 m. 1977 d'acide carbonique ou à 0 m. 4494 de carbonate de chaux. Si la température est de 15 degrés, le centimètre cube d'acide carbonique pesant 1 m. 8743, une bulle correspond à 0 m. 1874 d'acide carbonique ou à 0 m. 4260 de carbonate de chaux.

Si, par conséquent, en opérant sur 1 gramme de terre, on obtient 120 bulles à la température de 15°, le liquide introduit en ayant déplacé 20, l'acide carbonique produit en aura chassé 100, et on aura, par conséquent, en milligrammes, pour le poids de cet acide 18 m. 74 et pour celui du carbonate de chaux

42 m. 60. Le carbonate de chaux en grammes pour 100 de terre sera donc de 4 gr. 260.

Il est d'ailleurs indispensable de vérifier d'abord les chiffres ainsi calculés, en opérant sur quelques centigrammes de calcaire pur, et il faut s'exercer à ne laisser écouler le liquide acide que très doucement, afin qu'il ne se dégage régulièrement qu'une ou deux bulles par seconde.

DEUXIÈME PROCÉDÉ : *Calcimètre.* — Il existe un grand nombre de calcimètres que nous ne saurions décrire tous ici; un des plus simples et des plus pratiques est le calcimètre imaginé récemment par notre collègue, M. H. Saint-René, ingénieur agronome à Château-Thierry.

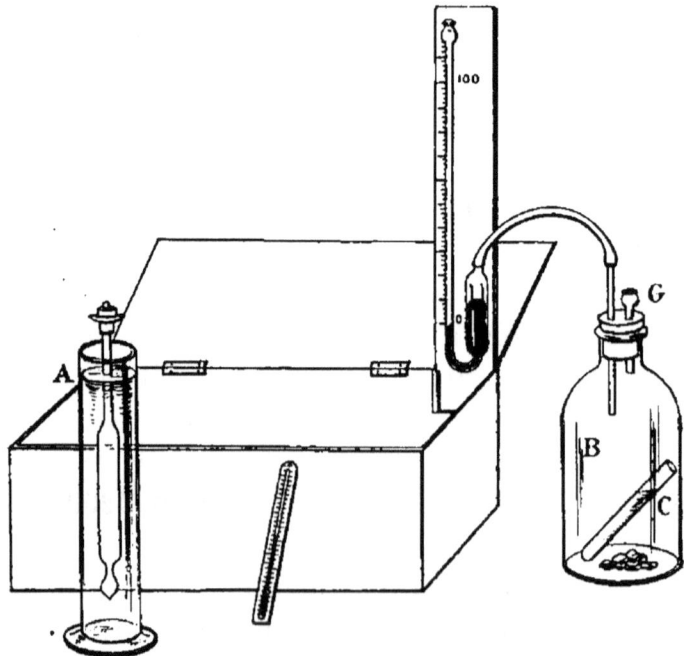

Fig. 12. — Calcimètre de M. Saint-René.

La disposition toute spéciale de ses divers organes (fig. 12) rend son usage facile, même pour les personnes les moins habituées aux travaux de laboratoire.

Voici la manière de procéder :

1° Peser 1 gramme de terre. Sur le plateau de l'aréomètre-balance A plongé dans l'eau, poser le poids de 1 gramme en métal, observer jusqu'où s'enfonce l'appareil, à l'aide des traits de repère disposés sur la tige. Remplacer ensuite le poids en métal par de la terre jusqu'à ce que l'enfoncement soit le même. On a ainsi 1 gramme de terre.

2° Introduire la terre ainsi pesée dans le flacon B.

3° Verser de l'acide chlorhydrique (esprit de sel) étendu de deux fois son volume d'eau, dans le tube C, que l'on introduit également dans le flacon B.

4° Boucher solidement le flacon B, qui communique dès lors avec le manomètre planté verticalement dans la glissière D. Enfoncer la cheville de verre G dans le trou du bouchon de caoutchouc.

5° Incliner le flacon B pour répandre l'acide sur la terre. Aussitôt le mercure monte dans le tube du manomètre. Agiter légèrement en tenant le flacon par le col.

Lorsque l'effervescence a cessé, on lit à côté du niveau du mercure le taux pour cent de calcaire cherché. Il faut avoir soin de bien laver le flacon B et le tube G, avant chaque analyse (1).

Détermination de l'humus. — La détermination rigoureuse de l'humus ou matière noire est toujours une opération lente et difficile.

On arrive cependant à un dosage très approximatif, en opérant de la manière suivante :

_____

(1) Ce calcimètre avec tous les accessoires est du prix de 18 fr. 50.

On calcine 5 grammes de terre dans une capsule en platine, jusqu'à ce que toute la matière organique soit détruite. Le résidu est alors humecté avec une solution de carbonate d'ammoniaque pour reconstituer le carbonate de chaux, qui a été détruit pendant l'incinération ; cela fait, on sèche à 150 degrés environ, à l'étuve. La perte de poids indique la proportion d'humus de la terre qui doit être, cela va sans dire, employée préalablement séchée.

Degré humique. — On peut encore employer le procédé de M. Pagnoul, qui fournit la richesse *relative* en humus, et qui est d'une extrême simplicité. Le savant chimiste utilise pour cela la coloration à laquelle l'humus donne lieu lorsque l'on fait bouillir la terre avec une dissolution de soude ou de potasse caustiques.

On introduit 2 grammes de terre dans un tube d'essai de 75 centimètres cubes environ portant deux traits, l'un à 20 centimètres cubes, l'autre à 50.

On ajoute jusqu'au premier trait une dissolution contenant 80 grammes de soude caustique par litre, et on fait bouillir doucement pendant 5 minutes. On laisse refroidir, on ajoute de l'eau jusqu'au second trait pour compléter le volume de 50, on agite et on jette le tout sur un filtre. On obtient ainsi une liqueur jaune d'autant plus foncée que la terre est plus riche en humus.

Pour exprimer le résultat en nombre, on se sert d'une liqueur type obtenue en faisant dissoudre 2 grammes de caramel dans un litre d'eau, et on introduit cette dissolution dans un tube de 1 centimètre carré de section, que l'on ferme à la lampe. On verse 10 centimètres cubes de la liqueur alcaline filtrée dans un tube gradué, et on ajoute de l'eau distillée jusqu'à égalité de teinte. Le volume ainsi obtenu est ce que M. Pagnoul désigne sous le nom de *degré humique*.

Pour avoir des chiffres bien comparables, il est indispensable de conserver à la teinte type une nuance absolument invariable; c'est ce que l'on obtient au moyen d'un verre jaune convenablement choisi.

Si la terre est très riche en humus, on n'introduit dans le tube gradué que quelques centimètres de liquide et on ramène par le calcul au chiffre 10. C'est généralement le cas pour les terres de jardins.

Si la liqueur essayée était plus pâle que la liqueur type, ce qui n'arrive guère que pour les sous-sols, il faudrait prendre comme terme de comparaison cette liqueur type étendue de plusieurs fois son volume d'eau.

Les terres ordinaires donnent généralement un degré humique variant de 15 à 25; il s'élève au delà de 50 dans la plupart des terres de jardin, et peut dépasser 400 dans les terres tourbeuses et les hortillonnages.

CHAPITRE III

LES TERRES. — ANALYSE CHIMIQUE

L'analyse chimique de la terre comprend la détermination de quatre éléments principaux :

L'azote,

L'acide phosphorique,

La potasse.

La chaux totale.

Comme pour l'analyse physico-mécanique, il est
essentiel d'opérer sur de la terre fine, tamisée et
préalablement desséchée à l'étuve.

Détermination de l'azote. — L'azote se trouve
dans les terres sous trois formes :

1° Organique ;

2° Ammoniacale ;

3° Nitrique.

Mais sous ce dernier état, la quantité d'azote est
toujours très faible et en quelque sorte négligeable
dans une analyse sommaire. Il n'en est pas de même
de l'azote ammoniacal, et surtout de l'azote organique, que l'on confond en général sous la dénomi-
nation d'azote total. C'est donc la proportion d'azote
total qu'il importe de déterminer. Nous avons pour
y arriver deux méthodes :

1° *Méthode par la chaux sodée.* — Le principe de la
méthode est le suivant : Une matière organique,

calcinée en présence de la chaux sodée, dégage tout
son azote à l'état de gaz ammoniac.

On prend un tube en verre épais, long d'environ
35 centimètres et fermé à un bout; on y met un **mé-**
lange de chaux sodée et d'oxalate de chaux, qu'on
pousse au fond; ce mélange ne doit pas occuper plus
de 3 ou 4 centimètres de la longueur du tube. On met
ensuite de la chaux sodée sur une longueur d'environ
6 centimètres; puis 20 grammes de terre fine intimement mêlée avec de la chaux sodée pulvérisée
finement. On achève de remplir le tube avec de la
chaux sodée en grains, on met un tampon d'amiante
et on ferme le tube avec un bouchon traversé **par un**

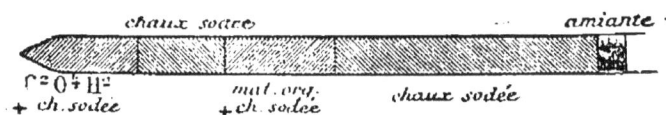

Fig. 13. — Tube pour le dosage de l'azote.

tube en boules de Warrentrapp, comme le montre la
figure 13. Ces substances ne devront pas être **trop**
tassées dans le tube.

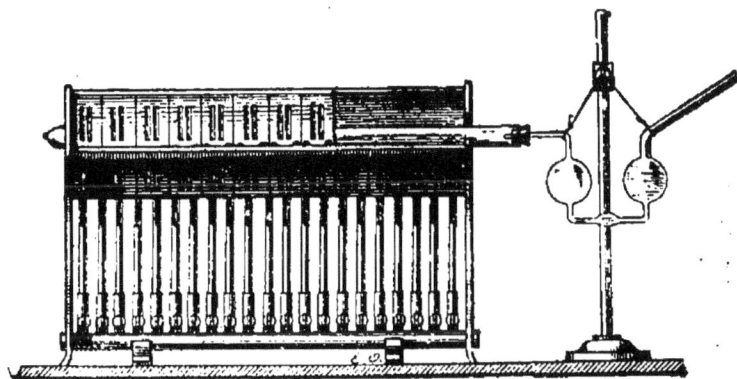

Fig. 14. — Boules de Warrentrapp adaptées à la grille à **analyse.**

Dans les boules de Warrentrapp (fig. 14) on **met**
10 centimètres d'un mélange formé de :

49 grammes d'acide sulfurique pur et d'eau distillée en quantité suffisante pour faire 1000 centimètres cubes, soit 1 litre.

Le tube en verre ainsi préparé est entouré d'une feuille de clinquant et on le pose sur une grille à charbon ou à gaz. On commence d'abord par chauffer la partie du tube la plus voisine des boules de

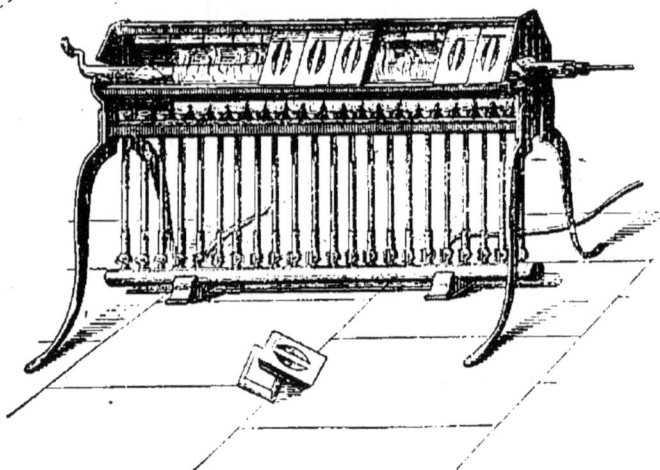

Fig. 15. — Grilles à analyse disposées pour le dosage de l'azote.

Warrentrapp, puis peu à peu jusqu'à la partie effilée contenant l'oxalate de chaux, qui produit un courant d'oxyde de carbone destiné à balayer le tube. Il faut s'arranger de manière que la calcination ne dure pas plus de 20 minutes (fig. 15).

L'ammoniac qui se dégage, arrivant dans les boules de Warrentrapp qui renferment l'acide sulfurique, va neutraliser une partie de celui-ci pour former du sulfate d'ammoniaque; il suffira de déterminer la quantité d'acide sulfurique non neutralisé, pour voir la proportion de gaz ammoniac dégagé et en déduire ainsi l'azote, puisque l'ammoniac est formé d'azote et d'hydrogène.

Les 10 centimètres cubes de liqueur acide, dite *normale*, renfermés dans les boules de Warrentrapp devront être, avant la calcination, colorés en rouge par deux ou trois gouttes de teinture de tournesol.

D'un autre côté, on a préparé une liqueur alcaline, formée de 20 grammes environ de potasse caustique et de 3/4 de litre d'eau distillée ; puis, à l'aide d'une pipette graduée, on voit combien il faut de centimètres de cette liqueur pour saturer 10 autres centimètres cubes de la liqueur acide normale colorée. Supposons, par exemple, que 26 centimètres cubes soient nécessaires.

Or, c'est avec cette dissolution potassique qu'on achèvera de neutraliser, c'est-à-dire de faire passer du rouge au bleu la liqueur acide renfermée dans les boules de Warrentrapp, et qu'après l'opération on aura versée dans un vase à précipiter.

Voici le calcul de l'analyse :

Nous savons que 17 d'ammoniaque neutralisent 49 d'acide sulfurique : d'où :

$$49 \text{ d'acide sulfurique} = 17 \text{ d'ammoniaque.}$$

D'autre part, nous savons que 26 centimètres cubes de liqueur potassique sont nécessaires pour neutraliser 10 centimètres cubes de liqueur acide. Si après l'expérience il nous faut 16 centimètres cubes de liqueur potassique pour neutraliser les 10 centimètres cubes contenus dans les boules de Warrentrapp, il est de toute évidence que l'ammoniaque sorti du tube a produit le même effet que :

$$26 - 16 = 10 \text{ c. c. de la dissolution potassique.}$$

Or, **26** de la liqueur potassique neutralisent 10 centimètres cubes de liqueur acide, comme 0 gr. 17 d'ammoniaque; ils équivalent donc à 0 gr. 17 d'ammoniaque, et nous pourrons poser la proportion :

$$\frac{23}{0.17} = \frac{10}{x},$$

d'où :

$$x = \frac{10 \times 0.17}{26}$$

2° *Méthode de Kjeldahl modifiée.* — La méthode précédente nécessite un certain nombre d'appareils, celle de Kjeldahl est un peu plus simple, néanmoins elle était encore assez coûteuse. M. Delattre, chimiste en chef de la station agronomique d'Arras, l'a heu-

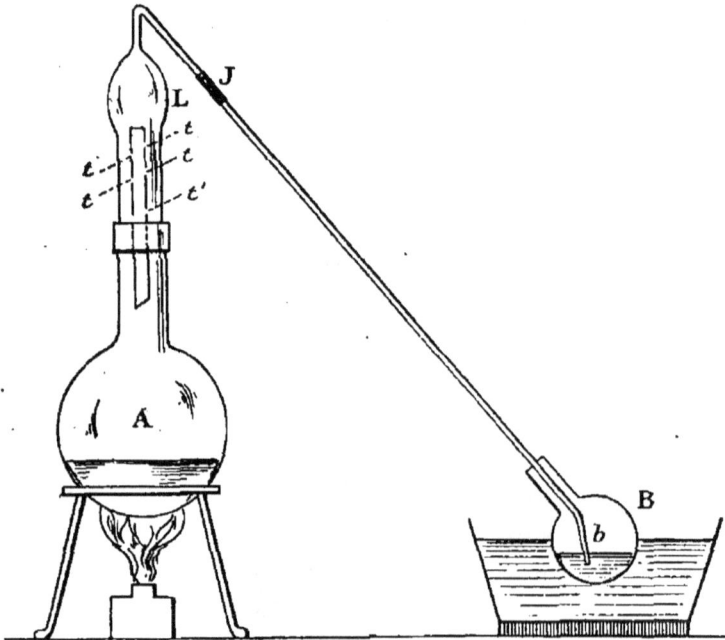

Fig. 16. — Appareil de M. Delattre pour le dosage de l'azote par la méthode Kjeldahl.

reusement modifiée, en imaginant un appareil très simple (fig. 16), qui ne revient pas à plus de 1 franc.

La détermination de l'azote nécessite l'opération préliminaire suivante :

On prend 10 grammes de terre qu'on traite dans un ballon en verre avec 25 centimètres cubes d'acide sulfurique pur, auxquels on ajoute 7 décigrammes de mercure métallique. On fait bouillir jusqu'à décoloration du liquide, ce qui dure environ une heure. Cela fait, le tout est versé dans le ballon A de l'appareil Delattre, ballon d'une contenance d'environ 800 centimètres cubes, on ajoute 200 centimètres cubes d'eau, puis 40 centimètres cubes d'une dissolution de soude caustique. On fait refroidir en agitant le ballon dans l'eau. La liqueur devant être encore acide après cette addition de soude, on n'a pas à craindre une déperdition d'ammoniaque. On introduit alors rapidement environ un gramme de limaille de zinc, puis 40 centimètres cubes de la même dissolution de soude, à laquelle on ajoute 6 à 8 centimètres cubes de sulfure de sodium. De cette manière, l'échauffement n'est plus assez sensible pour que l'on ait à craindre une déperdition d'ammoniaque avant la fin de l'analyse.

On ferme immédiatement le ballon avec un bouchon traversé par un petit tube d'étain d'un diamètre intérieur de 8 à 10 millimètres, fermé à sa partie supérieure et percé latéralement de cinq ou six trous t,t, destinés au dégagement des vapeurs. L'un des trous t est placé tout en bas contre le bouchon coupé en biseau, et sert au retour du peu de liquide qui pourrait se condenser. Aucun entraînement de soude ne peut ainsi se produire. Les vapeurs s'élèvent dans le tube à boule L, recourbé en haut, et assujetti par un joint en caoutchouc J avec un long tube droit incliné d'environ 90 centimètres de longueur, et dont l'extrémité légèrement infléchie vient plonger dans un ballon B, où l'on a mis 10 centimètres cubes de liqueur acide normale rougie. Ce ballon plonge lui-même dans un vase plein d'eau froide pour éviter un trop grand échauffement. Ainsi conduite, la distillation dure environ 20 minutes ou une demi-heure. On voit d'ailleurs que l'opération est terminée lorsqu'un papier de tournesol rouge mis à l'extrémité du tube *b* ne bleuit plus.

Le calcul de l'analyse se fait absolument comme pour la méthode à la chaux sodée.

La dissolution de soude dont il est parlé plus haut se prépare en chauffant 1 kilo de soude à la chaux avec un litre d'eau distillée.

Détermination de l'acide phosphorique. — On prend 20 grammes de terre fine que l'on attaque par 20 centimètres cubes d'acide azotique, dans une capsule en porcelaine. On évapore au bain-marie, ou plutôt au bain de sable; le résidu est repris par un mélange de 20 centimètres cubes d'acide azotique et 30 centimètres cubes d'eau. On filtre et on lave bien le filtre à l'eau distillée.

Le volume du liquide est amené à 50 centimètres cubes par évaporation légère, et dans ce liquide clair on précipite l'acide phosphorique par une solution de molybdate d'ammoniaque. Le phospho-molybdate jaune qui se forme est recueilli sur un petit filtre non plissé, lavé à l'eau addition-née de 20 % d'acide azotique; puis desséché à 100° à l'étuve et pesé, en faisant abstraction du filtre.

On calculera aisément l'acide phosphorique con-tenu dans la terre, sachant que 100 grammes de phospho-molybdate d'ammoniaque équivalent à 3,14 grammes d'acide phosphorique.

Comme on a opéré sur 20 grammes, pour avoir la teneur pour 100, il suffira de multiplier par 5.

Détermination de la potasse. — Le dosage de la potasse est une opération longue et difficile qui demande à être exécutée par un chimiste habile et exercé. Aussi n'en donnerons-nous ici que le principe résumé, d'après l'*Agenda du chimiste*.

Traiter 20 grammes de terre par 20 centimètres cubes d'acide nitrique, chauffer au bain de sable jusqu'à ce que les vapeurs rouges cessent de se produire, reprendre par l'eau et filtrer. Dans la liqueur ajouter successivement de l'ammoniaque et de l'oxalate d'ammoniaque pour séparer l'alumine, le fer et la chaux ; filtrer. La liqueur claire est évaporée à siccité ; le résidu, calciné avec une petite quantité d'acide oxalique et un léger fragment d'acide tartrique, est repris par l'eau. La partie insoluble, recueillie sur un filtre et calcinée repré-sente la magnésie.

La liqueur filtrée, acidulée par l'acide chlorhy-drique, est évaporée, et le résidu pesé ; il est formé de chlorure de potassium et de chlorure de sodium. On le dissout dans un peu d'eau, on y ajoute du chlorure de platine, on évapore à consistance siru-peuse, et on ajoute de l'alcool. Après repos, le chlorure double de platine et de potassium est recueilli sur un filtre, lavé avec un mélange à parties égales d'alcool et d'eau, séché à 100° et pesé. Le poids trouvé multiplié par 0,193 donne la quan-tité de potasse. Du même coup on a la soude par différence.

Détermination de la chaux totale. — La plus grande partie de la chaux se trouve dans la terre, sous forme de carbonate, que nous avons appris à déterminer ; mais il y en a encore une autre portion unie à l'acide phosphorique (phosphate de chaux) à l'acide azotique (nitrate de chaux), à l'acide sulfurique (sulfate de chaux), etc. C'est cette quantité de chaux totale qu'il importe également de déterminer. La manipulation est très simple :

On prend 10 grammes de terre tamisée, exactement pesée, qu'on attaque par 10 ou 15 grammes d'acide azotique, on chauffe au bain de sable, jusqu'à ce que les vapeurs rouges ne se produisent plus ; on reprend par l'eau distillée, on filtre et on lave le précipité qui reste sur le filtre avec la pissette à jet (fig. 6). La liqueur claire est neutralisée par une certaine quantité d'ammoniaque, qui précipite le fer et l'alumine, on filtre de nouveau et dans la liqueur claire on précipite la chaux par addition d'une quantité suffisante d'oxalate d'ammoniaque. On obtient un précipité qui, après quelques heures de repos, est recueilli sur un filtre, séché à l'étuve, puis calciné. On obtient ainsi de l'oxalate de calcium insoluble dont on déduit facilement la teneur en chaux.

CHAPITRE IV

LES EAUX D'ARROSAGE

On connaît le rôle prépondérant joué par l'eau en horticulture ; les irrigations, arrosages, bassinages et mouillages, constituant des pratiques journalières du jardinage. Ce qu'on sait moins, c'est qu'il n'est pas indifférent d'arroser avec des eaux quelconques. La nature de l'eau, sa composition chimique, sa température, ont une influence marquée, à laquelle on n'accorde pas toujours l'attention voulue.

Tout d'abord, l'*eau distillée*, c'est-à-dire chimiquement pure, ne convient pas aux usages horticoles. Si, pour les mouillages et lavages des plantes, l'eau de pluie (qui se rapproche le plus de l'eau distillée), peut parfaitement convenir, par contre, pour les arrosages proprement dits, il faut faire usage d'eaux renfermant en dissolution et en suspension un certain nombre de sels et de substances organiques : car alors, non seulement l'eau sert de dissolvant aux principes nutritifs renfermés dans la terre, mais encore elle apporte aux plantes des substances nutritives que celles-ci utilisent.

Quelle que soit l'eau dont on fasse usage, elle doit toujours être aérée, c'est-à-dire contenir un certain nombre de gaz en dissolution. C'est la première qualité à lui demander, celle sur laquelle nous allons tout d'abord donner quelques renseignements sommaires.

Détermination des gaz dissous dans l'eau. — Pour recueillir les gaz contenus dans une eau, on fait bouillir un litre ou plutôt 1 kilogramme exactement pesé de l'eau. L'expérience se fait dans un ballon, complètement rempli d'eau, de telle sorte qu'en le bouchant avec un bouchon muni d'un tube à dégagement, l'enfoncement du bouchon ait pour effet d'emplir complètement d'eau ce tube. L'appareil ne contenant pas alors traces d'air, on l'installe de façon que le tube recourbé vienne déboucher sous une éprouvette pleine de mercure et placée sur une cuve à mercure ; on fait bouillir l'eau et on recueille le gaz qui se dégage sous l'éprouvette.

Un litre d'eau fournit environ 25 à 30 centimètres cubes de gaz, dont le tiers environ est formé d'acide carbonique, le reste d'oxygène et d'azote.

Si on veut reconnaître la proportion de ces trois gaz, on emploie pour les recueillir, non plus une éprouvette ordinaire, mais une éprouvette graduée en centimètres et millimètres cubes. On fait passer dans cette éprouvette des fragments de potasse et on remue : on voit alors le mercure monter, car l'acide carbonique est absorbé par la potasse ; on fait donc la lecture, qui donne la proportion de gaz carbonique.

Cela fait, on introduit de l'acide pyrogallique qui absorbe l'oxygène ; ce qui reste est de l'azote. Les résultats varient d'ailleurs dans de très larges limites avec la nature des eaux. C'est ainsi que Peligot a trouvé dans un litre d'eau de pluie 25 centimètres cubes de gaz, contenant 15 cent. cub. 1

d'azote, 7,4 d'oxygène et 0 cent. cub. 5 d'acide carbonique; tandis qu'un litre d'eau de Seine lui a
donné 54 centimètres cubes de gaz, dont 21 cent.
cub. 4 d'azote, 10 cent. cub. 1 d'oxygène et 22 cent.
cub. 6 d'acide carbonique.

Il importe, surtout pour les eaux d'arrosage de
déterminer la proportion d'acide carbonique, car on
sait que c'est grâce à ce gaz, contenu en dissolution,
que les eaux possèdent la propriété de dissoudre le
carbonate de chaux et le phosphate
de chaux, qui sont insolubles dans
les eaux privées de gaz carbonique.

Il y a aussi quelquefois intérêt à
déterminer la proportion d'oxygène
que contient l'eau d'arrosage. Diverses méthodes peuvent être employées,
indépendamment de l'emploi de l'a-
cide pyrogallique, qui ne donne que
des résultats très approximatifs. Pour
arriver à ce but, M. Albert Lévy se
sert d'une pipette à double robinet,
dont on détermine le volume exact
(fig. 17). On la remplit de l'eau à ana-
lyser en la plongeant dans le liquide
les robinets ouverts. Lorsqu'elle est
pleine, on ferme les robinets et on la
place verticalement dans une pince,
la partie inférieure plongeant dans
un petit vase en verre contenant 2

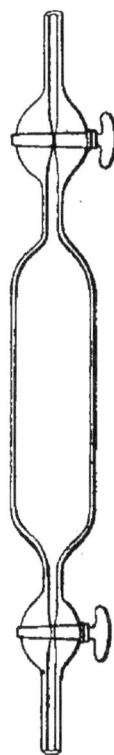

Fig. 17. — Pi-
pette à double
robinet, de
M. A. Lévy.

centimètres cubes d'acide sulfurique.

Dans l'entonnoir qui surmonte l'instrument, on verse 2 centimètres de
potasse au 1/10 et on ouvre avec précaution les
robinets, de façon à laisser pénétrer dans la pi-

pette la solution potassique, tout en évitant toute
rentrée d'air. On referme les robinets, on essuie
l'entonnoir, et on y verse 3 centimètres cubes
d'une dissolution de sulfate de fer ammoniacal
que, comme précédemment, on fait passer dans
la pipette en ouvrant les robinets. La réaction se
produit, les oxydes de fer tombent au fond du
liquide et tout l'oxygène de l'eau a disparu. On verse
alors dans l'entonnoir 2 centimètres cubes d'acide
sulfurique au 1/2, on ouvre le robinet inférieur en
laissant celui inférieur fermé ; l'acide plus lourd
pénètre dans la pipette et dissout les deux oxydes
de fer.

Lorsque la liqueur est devenue incolore, on verse
le contenu de la pipette dans un ballon et l'on soumet ce liquide à l'action du permanganate de potasse
jusqu'à apparition de la teinte rose sensible. La
pipette de M. A. Lévy, d'un maniement très facile,
coûte une dizaine de francs.

**Détermination de l'acide nitrique et de l'ammo-
niaque.** — Les eaux météoriques et telluriques renferment constamment des quantités variables, mais
toujours très minimes, d'acide nitrique ou azotique,
et d'ammoniaque, composés azotés fertilisants, qu'il
peut être utile de reconnaître et même de doser,
tout au moins approximativement.

Pour reconnaître l'acide nitrique, on prend 1 litre
d'eau qu'on fait évaporer aux deux tiers : la partie
qui reste est alors essayée soit par le réactif de Desbassyns de Richemond, soit par le procédé de
Nicholson.

On prépare le réactif de Desbassyns de Richemond
en ajoutant à 50 ou 60 centimètres cubes d'acide

sulfurique concentré et pur quelques gouttes d'une solution saturée de sulfate de protoxyde de **fer** ; cette liqueur doit être incolore et froide. En laissant tomber à la surface de l'eau quelques gouttes de ce réactif et en ajoutant quelques gouttes d'alcool, **on** voit se produire une coloration rose ou rouge, indice de l'existence de l'acide nitrique.

Le procédé de Nicholson est tout aussi simple. Voici comment M. Peligot indique le mode opératoire :

On humecte avec une goutte d'acide sulfurique concentré le résidu laissé par l'évaporation de 10 centimètres cubes de l'eau soumise à l'examen et, avec une baguette de verre, on broie une parcelle de *brucine* (1) ; si le mélange renferme un azotate, il prend immédiatement une couleur rouge.

Si l'eau en est exempte, aucune coloration ne se produit. On s'assure préalablement que l'acide sulfurique dont on fait usage ne se colore pas lui-même avec la brucine. Les eaux de puits qui renferment des azotates contiennent en même temps des matières organiques, des sels ammoniacaux et des chlorures : c'est à la présence des azotates qu'on attribue l'attaque rapide des tuyaux de plomb adaptés aux pompes servant à élever ces eaux.

L'ammoniaque dans les eaux, même en très faible quantité, peut être reconnue et même dosée, avec le *réactif de Nessler*. Ce réactif est, en effet, d'une grande sensibilité ; il permet de retrouver **une** goutte d'alcali volatil ajoutée à un litre d'eau.

---

(1) La *brucine* est un alcaloïde végétal qu'on trouve dans les graines de plantes de la famille des Loganiacées, notamment les *strychnos*. C'est une substance blanche, cristallisée, très amère, soluble dans l'eau et présentant une réaction très alcaline. La brucine vaut dans le commerce 30 centimes le gramme.

Pour le préparer, à 10 grammes d'iodure de potassium dissous dans 10 à 15 centimètres cubes
d'eau chaude, on ajoute une solution de bichlorure
de mercure saturée à la température de l'ébullition,
jusqu'à ce que le précipité rouge de biiodure de ce
métal cesse de se dissoudre par l'agitation. On verse
dans la liqueur filtrée une solution de 15 grammes
de potasse caustique et on étend d'eau, de manière à
avoir 200 centimètres cubes. Cette liqueur fortement
alcaline, additionnée de quelques gouttes de bichlorure de mercure, est conservée dans un flacon fermé
avec un bouchon enduit de paraffine. Pour les essais,
on prélève la dissolution limpide avec un compte-
gouttes. Elle donne une coloration jaune avec une
eau qui ne renferme que des traces d'ammoniaque ;
on obtient un précipité rouge brique lorsque la proportion est plus considérable (1).

Pour faire l'essai d'une eau, on en mesure un certain volume dont on a précipité la chaux par l'addition de quelques gouttes de carbonate de soude; on
ajoute 2 à 3 centimètres cubes de réactif de Nessler ;
le dépôt jaune orange qui se produit accuse la présence de l'ammoniaque. En décantant la liqueur
claire qui surnage et en opérant sur un volume
déterminé, auquel on ajoute une nouvelle quantité
du réactif jusqu'à ce que le dépôt cesse de se produire, on peut arriver à un dosage approximatif ; il
suffit de comparer les résultats obtenus avec ceux
que fournit une eau dans laquelle on a fait dis-

---

(1) La préparation de la liqueur de Nessler étant un peu
longue, on pourra se procurer ce réactif tout fait dans le commerce, au prix de 10 à 12 francs environ le kilogramme. Or, 50 à
60 grammes suffisent largement pour un grand nombre d'essais.
C'est donc une dépense très minime.

soudre un poids connu d'un sel ammoniacal pur.

D'après les analyses de M. Boussingault, la quantité d'ammoniaque contenue dans les eaux de rivière est très minime ; l'eau de la Seine en contient par litre de 0 milligr. 12 à 0 milligr. 009 ; mais certaines eaux des puits de Paris en ont donné 30 à 40 milligrammes. Pour l'eau pluviale, la quantité varie ; dans celle qui tombe la première, elle peut s'élever jusqu'à 5 milligrammes par litre. »

Matières solides en dissolution dans l'eau. — Les eaux courantes tiennent toujours en dissolution un certain nombre de matières salines, dont la nature et la proportion varient avec la nature des terrains que ces eaux ont traversés.

Pour déterminer la proportion de ces matières solides, on en fait évaporer à siccité une quantité rigoureusement pesée ; l'opération doit se faire dans une capsule en platine ou même en porcelaine, préalablement tarée. Rarement le résidu fixe dépasse 5 centigrammes.

Le sel qu'on rencontre le plus souvent dans l'eau est le carbonate de chaux, ou plutôt le bicarbonate de chaux, qui est soluble. Pour en reconnaître la présence, on verse dans l'eau quelques gouttes d'une *solution alcoolique de bois de campêche* qui communique au liquide une teinte violet améthyste d'autant plus foncée qu'il y a plus de calcaire dans l'eau.

En outre, une eau contenant une notable quantité de calcaire se trouble par l'ébullition, à cause du départ de l'acide carbonique en excès, qui seul rendait le carbonate soluble.

Les sulfates, et plus spécialement le sulfate de chaux dans les eaux, peuvent être reconnus en ajoutant un peu d'azotate de baryte, il se forme alors un précipité blanc de sulfate de baryte.

Il peut aussi arriver que l'eau renferme des chlorures, notamment les eaux qu'on rencontre au voisinage de la mer et qui contiennent souvent du chlorure de sodium. Les chlorures sont mis en évidence par quelques gouttes d'azotate d'argent; on obtient alors un précipité blanc, caillebotté de chlorure d'argent, qui noircit à la lumière.

Enfin, la chaux, quel que soit l'acide avec lequel elle est combinée, se reconnaît dans les eaux à l'aide de l'oxalate d'ammoniaque. Ce réactif donne, avec les eaux contenant de la chaux sous une forme quelconque, un précipité blanc insoluble d'oxalate de chaux, ainsi que nous l'avons vu chapitre III.

Les eaux très fortement chargées de sels minéraux, qui ne conviennent pas, par cela même, aux usages domestiques, sont excellentes pour les arrosages; mais, pour le bassinage et le mouillage des plantes, il faut s'en méfier : car, en s'évaporant, elles laissent sur les organes foliacés un dépôt plus ou moins abondant qui entrave les échanges gazeux entre la plante et l'atmosphère, par suite de l'obstruction des stomates.

Il faut remarquer, en outre, que les eaux courantes sont relativement peu chargées de principes minéraux fixes, tandis que les eaux de puits et de sources sont, en général, riches en sels de toutes sortes.

Matières solides en suspension dans l'eau. — Indépendamment des substances tenues en *dissolution* dans l'eau, c'est-à-dire persistant après la filtration et le repos, elles renferment aussi très souvent des matières solides très finement divisées, insolubles, en *suspension*, tels que vases, limons, argile, débris organiques, etc. Ces substances se rassemblent généralement lorsqu'on laisse reposer l'eau dans un vase, et forment une couche plus ou moins épaisse au fond ou à la surface.

Arthur Young a établi que les affluents de l'Humber apportent 7 à 8 % en volume de vase appelée *warp* et analogue par sa composition aux *langues* de la Basse-Normandie.

Le Rhône a fourni pendant l'année 1846, d'après M. Surrel, 21 millions de mètres cubes de limon, et, dans certains cas, ce limon a une telle influence sur la végétation que son dépôt sur le sol équivaut à une fumure énergique.

M. Ad. Bobierre indique une expérience très simple pour se rendre compte des matières limoneuses en suspension dans l'eau :

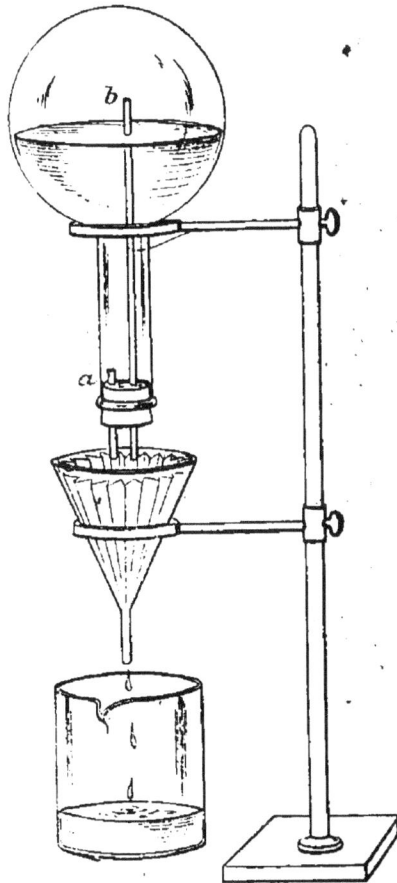

Fig. 18. — Appareil de Bobierre.

« Il suffira de prendre un ballon ou un flacon muni d'un bouchon donnant passage à deux tubes (fig. 18), dont l'un *b* donne accès à l'air et le second *a* permet l'écoulement du liquide dans un filtre dont le poids est connu (1). L'orifice du tube *a* doit être amené à la surface du bouchon. Le flacon étant renversé et soutenu au-dessus du filtre, on fait plonger les orifices des deux tubes dans le liquide; dès que le niveau de l'eau dans l'entonnoir s'est abaissé jusqu'à un certain point, l'air monte bulle à bulle par le tube *b*, et une quantité d'eau correspondante coule sur le filtre par le tube *a*. Le filtre est ensuite porté à l'étuve et son poids brut, diminué de sa tare préalablement faite, exprime la quantité de substance en suspension dans l'eau.

On pourrait substituer aux deux tubes de cet appareil un simple tube de 1 centimètre de diamètre et de 10 centimètres de longueur, entrant à frotte-ment dans un bouchon bien sain. En brisant légè-rement en biseau l'extrémité de ce tube et faisant araser son autre extrémité avec la surface intérieure du bouchon, on aura un appareil d'écoulement inter-mittent. La bouteille pleine d'eau et bouchée sera renversée sur le filtre où s'écoulera son contenu. Toutes les fois que l'échancrure du tube sera à découvert par l'abaissement du niveau dans le filtre, l'air s'introduira dans la bouteille et l'écoulement recommencera. »

Voici, à titre de renseignement, les résultats numé-riques fournis par l'analyse des limons; ces chiffres montrent que de semblables dépôts constituent de véritables fumiers.

---

(1) Ce poids doit être déterminé à l'aide d'une balance sensible et après dessiccation du filtre dans une petite étuve.

LIMON DE LA LOIRE

	à la suite de l'inondation de 1856	à la suite de l'inondation de 1866	de 1860 à 1863		
	I Nantes	II Orléans	III Pont de Tours		
Matières organiques ⎫ Acide carbonique.. ⎬ Eau combinée.... ⎭	10.5	10.60	»		
Argile.............	88.6	85.65	»		
Acide phosphorique	»	0.30	»		
Azote.............	0.43	0.40	minimum... 0.21 maximum... 0.61 moyenne des dosages .. 0.36		

d'après M. Bobierre, M. Durand, M. H. Mangon.

Ce qui fait surtout la valeur fertilisante de ces limons, c'est la proportion de matières organiques azotées qu'ils renferment ; il peut donc y avoir, dans certains cas, un grand intérêt à déterminer la proportion de ces matières organiques.

Recherche des matières organiques. — Comme le fait observer M. Peligot, parmi les procédés qu'on peut employer pour reconnaître et même pour doser ces matières, celui qui est basé sur l'emploi du permanganate de potasse dans une liqueur acide ou calcaire est, sinon le plus sûr, au moins le plus commode et le plus rapide. La plupart des matières organiques décomposent ce sel en lui empruntant une certaine quantité d'oxygène.

On procède de la manière suivante : dans 500 centimètres cubes de l'eau à essayer, acidulée par quelques gouttes d'acide sulfurique et chauffés de 80 à 100°, on verse, au moyen d'une burette graduée, une solution de permanganate contenant 1 gramme de ce sel pris à l'état cristallisé, dans 1.000 centimètres cubes d'eau : cette liqueur présente une belle couleur rouge violacé qui disparaît sous l'influence des matières organiques; le permanganate est ajouté tant que la décoloration se produit; l'opération est terminée lorsque la liqueur conserve une teinte rosée persistante; la décoloration, à la fin de l'opération, exige un temps assez long.

Un litre des eaux dont les noms suivent décolore après filtration, d'après M. Em. Monnier, les quantités suivantes de permanganate de potasse :

	milligr.	
Eau de la Dhuis............	0.5	ou 1/2 c. c. de la liqueur
— de la Seine à Bercy......	4.5	
— — au Port-Royal.	5.6	
— — à Saint-Ouen.	11.0	à 18.0
— — à St-Germain.	7.60	

CHAPITRE V

LES EAUX. ESSAIS HYDROTIMÉTRIQUES

Eaux dures et eaux douces. — Dans la pratique courante, tant pour les eaux d'arrosage que pour les eaux industrielles et alimentaires, on se contente souvent de déterminer ce qu'on appelle la *dureté* de l'eau, c'est-à-dire la proportion totale de sels de chaux et de magnésie, quelle que soit la nature de ces sels. Les eaux sont *dures* quand elles en renferment beaucoup et *douces* quand elles en contiennent peu.

La méthode la plus simple pour y parvenir est l'*hydrotimétrie*, due à MM. Boutron et Boudet et dont le principe est dû au Dr Clarke.

Elle est fondée sur la propriété, si connue, que possède le savon de rendre l'eau pure mousseuse et de ne produire de mousse dans les eaux chargées de sels calcaires qu'autant que ces sels ont été décomposés et neutralisés par une portion équivalente de savon et qu'il reste un petit excès de celui-ci dans la liqueur.

La dureté d'une eau étant proportionnelle aux sels terreux qu'elle contient, la quantité de teinture de savon nécessaire pour y produire la mousse peut donner la mesure de sa dureté.

Tel est le principe que le Dr Clarke a établi et qu'il a mis en pratique à l'aide d'une burette graduée et d'une teinture alcoolique titrée de savon.

Liqueur titrée. — MM. Boutron et Boudet emploient le savon à l'état de dissolution alcoolique et, pour éviter les inconvénients qui résulteraient de la composition variable des savons du commerce, cette liqueur d'épreuve est titrée au moyen d'une dissolution de chlorure de calcium fondu, contenant $\frac{1}{4000}$ de son poids ou 0 gr. 25 de ce sel par litre d'eau distillée. On peut aussi substituer au chlorure de calcium une proportion chimiquement équivalente de tout autre sel capable de former, avec les acides gras du savon, une combinaison insoluble, tel que le chlorure de baryum, l'azotate de baryte, et M. Marchand, de Fécamp, a fait remarquer, avec raison, que l'azotate barytique est plus facile à manier que le chlorure de calcium qui est déliquescent; mais, au point de vue de la graduation de la burette, le chlorure de calcium offre des avantages réels qui le font préférer.

Pour remplacer 0 gr. 25 de chlorure de calcium, il faut exactement 0 gr. 59 d'azotate de baryte pour obtenir une dissolution barytique de même degré.

Voici la marche à suivre pour la préparation de la liqueur.

On prend :

Savon blanc de Marseille............	100 grammes
Alcool à 90° C	1.600 —

On dissout le savon dans l'alcool en chauffant jusqu'à l'ébullition ; on filtre pour séparer les sels et les matières étrangères insolubles dans l'alcool, que le savon peut contenir, et on ajoute à la dissolution filtrée :

Eau distillée pure..................	1.000 grammes

On obtient ainsi 2700 grammes de liqueur hydrotimétrique.

Burette hydrotimétrique. — Indépendamment de la solution alcoolique de savon, dont il vient d'être parlé, deux instruments sont nécessaires pour effectuer une analyse hydrotimétrique. Ce sont : la *burette* et le *flacon d'essai*.

La burette hydrotimétrique (fig. 19) présente une graduation telle, qu'une capacité de 2, 4 centimètres cubes, prise à partir d'un trait circulaire tracé à la partie supérieure de l'instrument, se trouve divisée en vingt-trois parties égales et que les divisions suivantes soient parfaitement égales aux premières. Chaque division représente 1°; mais, bien que pour chaque expérience la burette doive être chargée jusqu'au trait circulaire, le 0° n'est marqué qu'au-dessous de la première division. Pour expliquer cette particularité, Boutron et Boudet font observer

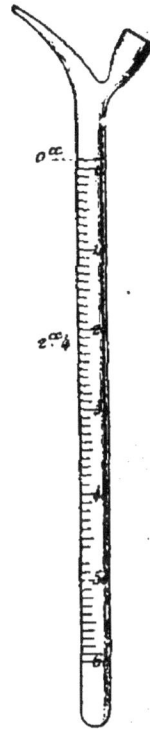

Fig. 19. — Burette hydrotimétrique.

que la proportion d'eau qu'ils ont adoptée pour chaque expérience est égale à $\frac{1}{25}$ de litre ou 40 centimètres cubes et que, quelle que soit la composition de cette eau, ils la considèrent comme formée de 40 centimètres cubes d'eau pure et d'une proportion quelconque de matières capables de décomposer le savon. Or, pour acquérir une certaine viscosité et devenir capable de produire une mousse persistante, 40 centimètres cubes *d'eau pure* exigeront une division d'épreuve ; la première division de la burette a été réservée pour cet usage et laissée en dehors de la graduation, afin que les divisions suivantes représentassent uniquement et réellement la quantité de savon décomposée par les matières en solution dans l'eau.

Fig. 20.
Flacon d'essai.

Enfin, un flacon d'essai (fig. 20) de 60 centimètres cubes de capacité et jaugé à 10, 20, 30, 40 centimètres cubes par des traits circulaires.

La liqueur d'épreuve, comme le fait remarquer M. A. Bolley, doit être titrée de manière que vingt-trois divisions de la burette soient rigoureusement nécessaires pour produire la mousse persistante avec 40 centimètres cubes de la solution normale de chlorure de calcium. Il résulte de là que chaque degré de liqueur d'épreuve neutralisé par 40 centimètres cubes de dissolution de chlorure de calcium représente 0 gr. 0114 de ce sel par litre, et, en admettant 6,453 pour l'équivalent du savon, que chaque degré hydrotimétrique correspond à 0 gr. 1 de savon neutralisé par litre de solution normale. Tout autre dissolution d'un sel de chaux ou de magnésie, capable de former un composé insoluble avec les acides gras, peut, ainsi que nous l'avons vu, être employée.

Il suffit donc de déterminer, par une expérience rapide, combien 40 centimètres cubes de cette eau exigent de degrés de la liqueur savonneuse pour produire une mousse persistante. Supposons, par exemple, qu'une eau ait donné le degré 20, ce degré fera connaître :

1° Le numéro d'ordre de l'eau examinée, dans une classification méthodique, qui aurait pour point de départ l'eau pure, représentée par 0° ;

2° La proportion de chlorure de calcium équivalente aux sels de chaux et de magnésie contenus dans 1 litre de cette eau, c'est-à-dire $0,0114 \times 20 = 0$ gr. 228 ;

3° La proportion de savon que neutraliserait 1 litre de cette eau, soit 20 décigrammes.

Outre les sels de chaux et de magnésie, les eaux contiennent encore plusieurs substances (alumine, silice, fer, etc.), qui sont également susceptibles de former, avec les acides gras du savon, des combinaisons insolubles ; mais les proportions de ces matières étant toujours extrêmement faibles, leur présence ne peut donner lieu à des erreurs sensibles.

Essai hydrotimétrique. — Pour essayer une eau, on en mesure, dans le flacon d'essai, 40 centimètres cubes et on y ajoute, goutte à goutte, la liqueur savonneuse, en essayant de temps en temps s'il se produit par l'agitation une mousse persistante. Le nombre de centimètres cubes de solution de savon nécessaire pour produire cet effet indique le degré hydrotimétrique de l'eau examinée. La mousse doit former à la surface du liquide une couche régulière de plus d'un demi-centimètre d'épaisseur et se maintenir au moins dix minutes sans s'affaisser.

Si l'eau soumise à l'analyse donne naissance à des grumeaux, lorsqu'on la mélange avec la liqueur

d'épreuve (ce qui a lieu lorsque son degré dépasse
25 à 30°), on doit en conclure qu'elle est trop chargée
de sels de chaux et de magnésie et qu'il est nécessaire de l'étendre avec de l'eau distillée, de manière
à la ramener à un degré hydrotimétrique inférieur
à 30°. On y ajoute donc une, deux, ou un plus grand
nombre de fois son volume d'eau distillée, suivant
qu'elle est plus ou moins impure, et cette addition
se fait facilement, à l'aide du flacon d'essai, qui est
jaugé de 10 en 10 centimètres cubes. Lorsque le
mélange a été fait en proportions convenables, on
peut opérer avec assurance ; mais on doit avoir soin
de multiplier par 2, 3 ou 4 le résultat obtenu, suivant
que l'on a ajouté 1, 2 ou 3 volumes d'eau distillée.

Le degré trouvé indique :

1° Le nombre de décigrammes de savon que
l'eau neutralise par litre ;

2° La mesure de sa pureté, ou la place qu'elle
occupe dans l'échelle hydrotimétrique.

En se basant sur les résultats d'un grand nombre
de recherches hydrotimétriques, Seeligmann pro-
pose de partager les eaux en trois classes :

1° Eaux dont le titre hydrotimétrique ne dépasse
pas 30°. Ces eaux conviennent très bien pour le
blanchissage et comme boisson. En horticulture,
elles sont parfaitement appropriées aux arrosages,
bassinages et mouillages.

2° Eaux marquant de 30 à 60° hydrotimétrique ;
elles sont moins favorables à la santé, sans être pré-
cisément insalubres ; elles cuisent mal les légumes
et ne conviennent pas au blanchissage elles conviennent également moins pour les mouillages des
plantes.

3° Eaux marquant de 60 à 150° et plus, qui sont

impropres à tous les usages domestiques, mais conviennent aux arrosages.

Equivalents en poids d'un degré hydrotimétrique.

— Au moyen du tableau suivant, qui indique l'équivalent d'un degré hydrotimétrique pour 1 litre d'eau d'un certain nombre de corps, il est facile de traduire ces degrés en poids, pour les sels. Il suffit pour cela de multiplier le chiffre des degrés observés pour chaque corps en particulier pour le nombre correspondant à 1° hydrotimétrique de ce corps :

Chaux......................................	1° =	0^{gr}0057
Chlorure de calcium.....................	1° = 0	0114
Carbonate de chaux.....................	1° = 0	0103
Sulfate de chaux........................	1° = 0	0140
Magnésie.................................	1° = 0	0042
Chlorure de magnésium	1° = 0	0090
Carbonate de magnésie................	1° = 0	0088
Sulfate de magnésie	1° = 0	0125
Chlorure de sodium	1° = 0	0125
Sulfate de soude	1° = 0	0145
Acide sulfurique	1° = 0	0082
Savon à 30 0/0 d'eau	1° = 0	1061

Qualités des eaux d'arrosage.

— Comme le fait observer M. Sprüyt, la meilleure de toutes les eaux pour les arrosements est l'eau de pluie, à cause des substances nutritives dont elle se charge dans l'atmosphère. On la recueille avec soin dans une citerne ou un bassin pour l'employer de préférence aux arrosements des jeunes plantes de semis.

Les eaux courantes, telles que les eaux de ruisseau et de rivière, sont généralement bonnes : elles contiennent beaucoup de substances nutritives que les pluies y amènent des terres avoisinantes. Mais comme on n'a pas toujours son jardin à proximité d'une rivière, on doit s'en passer souvent. Les eaux

stagnantes, telles que les eaux d'étang, étant exposées au soleil et aux influences de l'atmosphère et
renfermant les détritus des plantes aquatiques, sont
également fort propres aux arrosements.

Les eaux de puits sont les plus mauvaises et malheureusement les plus employées. Avant de s'en
servir, il faudra les laisser séjourner un peu dans
les bassins, afin qu'elles se réchauffent au soleil et
qu'elles soient à la température de l'air.

CHAPITRE VI

FUMIERS ET COMPOSTS

De tous les engrais employés en horticulture, le plus important est sans contredit le fumier de ferme. Nous n'insisterons pas ici sur les hautes propriétés fertilisantes et amendantes de ce *roi des engrais*, qui sont bien connues; mais nous devons faire remarquer que tous les fumiers sont loin d'avoir la même valeur à ces deux points de vue; non seulement il y a lieu de considérer l'espèce animale qui a produit le fumier, mais encore la nature et la proportion de litières qui entrent dans sa constitution, ainsi que son degré plus ou moins avancé de décomposition. C'est ce que montre le tableau suivant, qui s'applique à des fumiers mixtes; il montre, d'après divers auteurs, la composition centésimale de quelques fumiers :

	Eau	Azote	Acide phospho- rique	Potasse	Chaux	Auteurs
Fumier frais	75.00	0.39	0.18	0.45	0.49	Wolff
— consommé..	75.00	0.50	0.26	0.53	0.70	id.
Fumier très con- sommé..	79.00	0.18	0.30	0.50	0.88	id.
Fumier de Grignon.	70.50	0.72	0.61	»	»	Boussingault

De ces analyses et d'un grand nombre d'autres,

on peut conclure que la moyenne pour la composition du fumier est de :

Azote................................ .... 0.47
Acide phosphorique..................... 0.30
Potasse............................... 0452

En ce qui concerne les divers bestiaux, Wolff a trouvé les compositions centésimales suivantes :

	Eau	Azote	Acide phospho-rique	Chaux	Potasse
Fumier frais de cheval...	71 3	0.58	0.28	0.31	0.53
— de bovidés..	77.5	0.34	6.16	0.31	0.41
— de mouton..	64.6	0.83	0.23	0.33	0.67
— de porc.....	72.4	0.45	0.19	0.08	0.60

De même que pour les terres arables, l'analyse complète d'un fumier est une opération longue et délicate, nous n'indiquerons donc ici que l'analyse sommaire :

Prise d'échantillon. — Le fumier, quel qu'il soit, n'est pas une matière homogène; aussi la prise d'échantillon a-t-elle ici une importance capitale, elle doit être faite avec un soin très minutieux.

S'il s'agit d'un gros tas de fumier, dit M. Grandeau, à l'aide d'une fourche à longues dents, on fait transpercer de part en part toute la masse, puis l'on y pratique des tranchées verticales, parallèles dans le sens de la longueur du tas. Ensuite, on prélève, sur le plus grand nombre possible de points, de petites masses de fumiers qu'on réunit en un tas unique qu'on mélange intimement et qu'on tasse ensuite à la bêche. Dans ce tas, qui doit peser 100 kilogrammes environ, on prélève un échantillon moyen de 3 à 4 kilogrammes qu'on enferme dans un vase en grès bouchant hermétiquement.

Détermination de l'eau. — Dans une grande capsule de porcelaine tarée, on pèse *exactement* 1 kilogramme de fumier frais. On le dessèche à l'étuve
(à 70 ou 80°), puis on divise le résidu avec les ciseaux
en ayant soin de ne rien perdre. On pèse la capsule
et on note la perte de poids. On prend ensuite
50 grammes du mélange incomplètement desséché
et on achève la dessiccation à 100°. Du poids du
résidu, entièrement sec, de ces 50 grammes, on
déduit le taux pour cent de l'eau du fumier frais.
On moud ensuite tout le résidu bien sec et l'on
enferme la poudre obtenue dans un flacon bouché à
l'émeri. Ce procédé, généralement en usage pour
déterminer le taux d'humidité du fumier, donne :
d'une part la proportion d'*eau*, d'autre part la *matière sèche* (1).

Détermination des cendres ou matières minérales.
— Cette opération, qui s'effectue sur la matière
sèche, obtenue comme il vient d'être dit, va nous
donner, d'une part, les cendres ou matières minérales; d'autre part, la matière organique. Celle-ci
est obtenue par différence, et le total de la matière
organique et des cendres doit reconstituer le poids
de la matière sèche sur lequel on avait opéré.

On prend 10 grammes de matières sèches, exactement pesées, et on incinère à basse température dans
une capsule en platine préalablement tarée. Cette in-

(1) La perte éprouvée est toujours un peu trop forte, une
partie de l'ammoniaque du fumier se dégageant pendant la dessiccation. Cependant, la perte de ce chef atteint rarement 1 gramme
par kilogramme, ce qui est tout à fait négligeable. Pour des
recherches *exactes*, il convient d'opérer la dessiccation dans le
vide de 200 grammes environ de fumier en recueillant l'ammoniaque dégagée à l'aide d'une dissolution acide.

cinération peut se faire : 1° dans un fourneau à moufle (fig. 5), si on a le gaz à sa disposition (1) ; 2° sur une lampe de Berzélius à double courant d'air, chauffée à l'esprit-de-vin, si on n'a pas le gaz.

La lampe de Berzélius (fig. 4), dont la valeur est de 20 ou 25 francs, est pourvue d'un large réservoir annulaire, elle est à niveau sensiblement constant, ce qui assure l'alimentation régulière de la mèche. L'esprit de bois est introduit dans le réservoir annulaire, grâce à l'orifice qu'on voit à droite. Elle est aussi à double courant d'air, c'est-à-dire que la mèche est circulaire et donne une flamme cylindrique à laquelle l'air accède intérieurement aussi bien qu'extérieurement.

Le fourneau à moufle (fig. 5) permet de chauffer la matière en présence de l'air pur et à l'abri de l'action des gaz du foyer.

Cet appareil, construit en terre réfractaire, dit M. Em. Jungflesich, est un fourneau à réverbère de section ovale. Le cendrier, largement ouvert, livre à l'air un accès facile.

Le laboratoire est pourvu en avant d'une tablette, au-dessus de laquelle s'ouvre une baie demi-circulaire donnant passage exactement au *moufle* ou coffret de moufle.

Ce dernier est un demi-cylindre creux, de 4 à 5 millimètres d'épaisseur, fermé à une de ses extrémités, ouvert à l'autre ; il se place à l'intérieur du fourneau, les bords de son ouverture restant engagés dans l'orifice de celui-ci, et son extrémité fermée reposant sur une pièce de terre disposée sur la

---

(1) On construit aussi des fourneaux à moufle, chauffés au charbon.

grille ; ouvert dans l'atmosphère, il ne reçoit pas les gaz du foyer, mais il se trouve, avec la capsule qu'il renferme, chauffé à une température très élevée. Une porte en terre permet d'y régler l'accès de l'air. Enfin, deux ou trois fentes, très étroites et pratiquées dans la paroi latérale du coffret, permettent à l'air d'être aspiré du moufle dans le foyer par le tirage du fourneau ; elles maintiennent la ventilation constante. Le dôme contient la porte ; on donne ordinairement à la cheminée qui le termine une forme élevée et, mieux encore, on la surmonte d'un tuyau de tôle.

Le chauffage se fait avec une rampe de brûleurs de Bunsen ; bien que le coffret à chauffer ait une certaine longueur, on termine les brûleurs par des couronnements aplatis, disposés de façon à donner des flammes minces et parallèles entre elles. Ce chauffage donne des températures plus élevées que les flammes cylindriques.

Lorsqu'on opère avec la lampe de Berzélius, il faut avoir soin de commencer par chauffer à une température très modérée, et de n'augmenter la chaleur que lorsque les gaz qui résultent de la décomposition du fumier à incinérer qui brûle, cessent de se dégager.

Pour faciliter la combustion complète du charbon qui se forme dans la capsule, on peut remuer de temps à autre, avec précaution, au moyen d'une spatule en platine ; on peut aussi appuyer légèrement les parties charbonneuses contre les parois de la capsule.

Lorsque les cendres obtenues sont bien blanches et ne présentent plus aucune particule charbonneuse, la calcination est terminée : on laisse alors

refroidir et on les humecte avec une solution saturée de carbonate d'ammoniaque, pour reconstituer
les carbonates alcalins-terreux qui ont été détruits.
On dessèche ensuite lentement et on chauffe légèrement au rouge naissant. Après refroidissement, on
pèse et on a les cendres, qui, retranchées des
10 grammes sur lesquels on a opéré, fournissent la
matière organique détruite ou pour mieux dire vola-
tilisée pendant la calcination.

Détermination de l'azote. — Sur *un* gramme de
matière sèche moulue, on dose l'azote par la chaux
sodée, en suivant toutes les précautions qui ont été
indiquées pour l'analyse des terres.

Comme, ici, la proportion d'azote est plus considérable que dans la terre végétale, on peut avantageusement faire usage de l'ammonimètre de Bobierre,
dont le prix est de 20 francs environ (fig. 21).

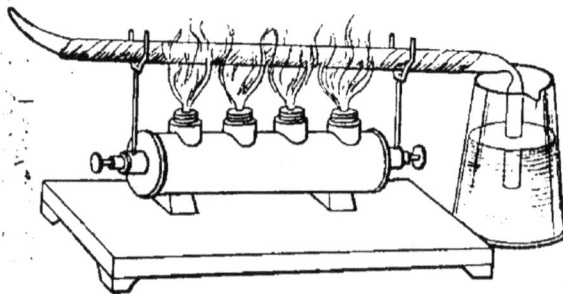

Fig. 21. — Ammonimètre.

On emploie de la chaux sodée bien pulvérisée ;
puis on coude un tube en verre vert de 0 m. 010 de
diamètre en l'étranglant sensiblement à l'endroit de
la courbure.

On sèche et on nettoie l'intérieur du tube, etc.,
puis, au moyen d'une tige métallique, on pousse,

jusqu'à sa partie étranglée, un tampon d'amiante.

On introduit rapidement de la chaux sodée en poudre grossière sur une longueur d'environ 3 centimètres, à partir du tampon d'amiante.

On verse ensuite de la chaux sodée très fine, intimement mélangée avec le fumier, et de manière à former dans le tube une colonne de 9 à 10 centimètres environ. On termine par l'introduction de chaux sodée pure, à laquelle on ajoute quelques cristaux d'acide oxalique. Cela fait, on ferme hermétiquement l'extrémité de la longue branche du tube.

La combustion doit être conduite selon les règles ordinaires, c'est-à-dire en portant tout d'abord au rouge la partie antérieure du tube, préalablement entouré de clinquant.

On ne découvre les porte-mèches de la lampe qu'au fur et à mesure de la marche de l'opération.

Il est commode de se servir d'une pince, dite brucelles, pour exercer une traction sur les mèches pendant le cours de la combustion, et leur donner leur maximum de sortie vers la fin de l'opération ; en même temps qu'on tire avec la pince, on maintient le porte-mèches mobile avec une grosse aiguille à tricoter dirigée par la main gauche.

On ne saurait trop veiller, d'une part, à ce que les courants d'air soient évités pendant qu'on fait rougir le tube de l'ammonimètre.

La combustion terminée, on évite l'absorption en brisant l'extrémité effilée de l'appareil ou en le débouchant ; on laisse refroidir quelques instants, et, soulevant le tube avec précaution, on immerge, à plusieurs reprises, sa courte branche dans une petite quantité d'eau pure destinée au rinçage ultérieur du flacon à acide.

Il ne reste plus qu'à faire la saturation, comme à l'ordinaire, au moyen de la liqueur de saccharate de chaux de préférence. On emploie, dans ce but, une dissolution assez étendue et contenue dans une burette divisée en dixièmes de centimètres cubes. On peut également faire usage de la *liqueur acide normale*, préalablement titrée avec une dissolution alcaline.

Acide phosphorique. Chaux et potasse. — Dans les cendres, on dose ces trois substances ; mais cette détermination est assez difficile et n'est pas à la portée de tout le monde.

Voici, pour fixer les idées, l'analyse sommaire d'un fumier mixte, conduite selon la méthode qui vient d'être indiquée :

Eau	74.1
Matières organiques	20.5
— minérales	5.4
Azote	0.5
Acide phosphorique	0.4

Poids des fumiers. — Quoique ce sujet s'écarte un peu de la chimie horticole et de l'analyse chimique proprement dite, nous croyons néanmoins utile de donner ici le poids du mètre cube des divers fumiers.

Le mètre cube de fumier pèse en moyenne, *à l'état frais :*

Fumier mixte, de	416 à 485	kil.
— de cheval, de	350 à 400	—
— de bêtes bovines, de	500 à 600	—
— de moutons, de	400 à 450	—

Le mètre cube de fumier fermenté : .

Fumier mixte, de...............	582 à 684 kil.
— de cheval, de...........	500 à 550 —
— de bovidés, de..........	700 à 800 —
— de moutons, de.........	550 à 700 —

Composts. — S'il est vrai, comme nous l'avons vu
précédemment, que la composition des fumiers présente de grandes variations, il en est encore bien
pire en ce qui concerne les composts, engrais mixtes
également très employés en horticulture et dans lesquels entrent une foule de produits divers.

Dans ces matières fertilisantes, il y aura lieu de
retrancher :

1° L'eau,

2° La matière sèche, organique et minérale,

3° L'azote,

4° La chaux.

Ces différentes opérations se feront absolument
comme pour le fumier de ferme en prenant les
mêmes précautions en ce qui concerne le prélèvement de l'échantillon moyen.

Gadoues et boues de villes. — Les balayures
es rues, des halles et marchés constituent les gadoues ou boues de villes, également très employées
par la culture maraîchère, surtout aux environs de
Paris. Ces engrais réussissent particulièrement bien
sur les asperges.

Leur composition est excessivement variable.

Lorsque ces matières sont fraîches, elles portent
le nom de *gadoues vertes* ; lorsqu'elles sont restées en
tas pendant quelques semaines, par suite de la fer-
mentation qui s'y est établie, leur aspect change, on
les appelle alors *gadoues noires*. C'est sous cette dernière forme qu'elles sont le plus souvent utilisées.

D'après MM. Müntz et Girard, les gadoues forment à Paris un volume journalier de 2.000 mètres cubes, charriés dans 600 tombereaux.

Telle qu'elle se trouve dans les tombereaux, la gadoue verte présente, avec les pierres, la composition suivante, par 100 kilogrammes :

Azote 0ᵏ38
Acide phosphorique....................... 0.41
Potasse... .... 0.42
Chaux 2.57

Leur valeur est donc comparable, en tant que richesse en éléments fertilisants, à celle du fumier de ferme.

Un échantillon prélevé le 20 novembre 1885 dans les voitures opérant le déchargement dans les bateaux, au quai de Javel, a donné pour 100 :

1ᵉʳ lot : Pierres, verre, porcelaine, etc., rejetés comme inutiles 8.3
2ᵉ lot : Partie fine passée à la claie 59.3
3ᵉ lot : Débris organiques grossiers 32.4

Le second lot, partie fine, la plus active, avait la composition centésimale suivante:

Eau.. 30.30
Matière sèche........ 69.70 { organique........... 18.09
                            { minérale............. 51.61

Les gadoues noires, analysées par MM. Müntz et Girard et provenant de Bagneux, présentaient la composition suivante:

1ᵉʳ lot : Matières inertes, pierres, etc................. 8.4%
2ᵉ lot : Matières organiques décomposées et parties terreuses fines 91.6%

Le lot n° 2, le seul actif, a donné:

Eau		41.88
Matière sèche........ 58.12	(organique.............	14.02
	(minérale.............	44.10

Sa richesse pour 100, en principes fertilisants, est de :

Azote..................................	0ᵏ48
Acide phosphorique...........	0.65
Potasse	0.56
Chaux.......	4.10

La gadoue noire, telle qu'elle a été prélevée dans le tas établi à Bagneux, contenait donc pour 100 kilogrammes :

Azote.................................	0ᵏ45
Acide phosphorique	0.59
Potasse	0.52
Chaux	4.75

Elle est donc un peu plus riche que les gadoues vertes. Son analyse, sauf ce qui concerne la séparation des lots au moyen de tamis appropriés, se fait de la même manière que celle du fumier et des composts.

CHAPITRE VII

ENGRAIS ORGANIQUES EMPLOYÉS EN HORTICULTURE

Purin. — Le purin, ou eau provenant des tas de fumier, est avantageusement employé en horticulture. C'est un engrais liquide très fertilisant, qui peut être répandu tel quel sur les terres nues, mais qui, sur les plantes en végétation, doit être préalablement étendu de trois ou quatre fois son volume d'eau, pour éviter l'action caustique du carbonate d'ammoniaque qui existe toujours en assez grande quantité dans ces liquides.

Nous ne saurions mieux faire, pour donner une idée de la valeur du purin, que de reproduire *in extenso* l'essai effectué par le D^r Vœlcker sur un purin provenant d'un fumier mixte bien consommé :

« Il avait été recueilli par un temps pluvieux, c'est-à-dire très dilué. Sa couleur était brun foncé. Il ne contenait ni hydrogène sulfuré, ni ammoniaque à l'état libre, demeurait neutre au papier de tournesol ; mais, par l'ébullition, il laissait dégager de l'ammoniaque libre et du gaz carbonique en abondance, résultant en grande partie du bicarbonate. Par l'addition de quelques gouttes d'acide chlorhydrique, le liquide entrait en effervescence avec une odeur des plus fétides, mais sans trace d'hydrogène sulfuré. Chauffé jusqu'à évaporation, le liquide acidifié laissait se déposer une substance floconneuse brune, formée d'un mélange d'acides humique et ulmique qui résultent de la décomposition des matières organiques de la paille et des excréments. Combinés avec la potasse, la soude et l'ammoniaque, ces acides constituent des sels de couleur foncée et solubles ; combinés avec la chaux, la magnésie, les bases terreuses et métalliques, ils donnent naissance à des sels insolubles dans l'eau. La coloration du jus de fumier fournit ainsi un indice de la présence des trois alcalis combinés avec les acides de l'humus.

Bien que l'affinité des acides humiques pour l'ammoniaque soit assez puissante pour empêcher que ce composé ne s'échappe à la température ambiante ordinaire, il suffit que la température s'élève faiblement pour que le dégagement s'opère. Le bicarbonate de chaux se décomposant, les acides humiques s'unissent à la chaux du carbonate neutre, en abandonnant l'ammoniaque avec laquelle ils étaient combinés.

Un autre point digne d'intérêt en ce qui concerne les jus de fumier et qui semble anormal, bien que facile à expliquer, c'est que ces jus, tout en étant parfaitement neutres au papier de tournesol, peuvent être additionnés d'une certaine dose d'acide, sans devenir pour cela acides. Ainsi, une goutte d'acide chlorhydrique concentré versée dans un demi-litre d'eau distillée accuse une réaction acide sensible au papier réactif ; mais 50 gouttes du même acide, ajoutées à un demi-litre de purin, tout en donnant lieu à une forte effervescence avec dégagement de gaz nauséabonds et formation d'un précipité floconneux brun foncé, laissent le liquide surnageant, de couleur pâle, absolument neutre au même papier réactif.

En ajoutant 50 autres gouttes d'acide chlorhydrique, la réaction devient acide et le précipité augmente. Recueilli sur un filtre et desséché à 100° C., ce précipité représentait par litre 1 gr. 79 d'acide humique et ulmique.

Ces acides organiques insolubles dans l'eau étant combinés dans le purin avec les alcalis, il arrive que, lorsque l'on ajoute la première quantité d'acide chlorhydrique, cet acide est neutralisé par les alcalis, et les acides hulmiques mis en liberté, étant insolubles dans l'eau, n'affectent pas le papier réactif. »

Voici la composition du purin, telle qu'elle ressort de cette analyse :

	gr.
Matière solide totale	8.914
Cendres	5.260
Ammoniaque expulsée par l'ébullition	0.515
— à l'état de sels décomposés par la chaux	0.043
Acides humique et ulmique	1.789
Acide carbonique chassé par l'ébullition	1.257
Autres matières organiques (renfermant 0 gr.051 d'azote)	2.034
Cendres :	
Silice soluble	0.021
Phosphate de chaux avec un peu de phosphate de fer	0.226
Carbonate de chaux	0.499
— de magnésie	0.365
Sulfate de chaux	0.062
Chlorure de sodium	0.651
— de potassium	1.005
Carbonate de potasse	2.431

Remarquons, en outre, que, dans l'analyse du purin, lors de l'incinération, ce liquide laisse des cendres alcalines qui, en fondant, emprisonnent le charbon de la matière organique, et rendent la combustion parfaite de cette dernière extrêmement difficile.

C'est donc surtout ici qu'il faut employer le fourneau à moufle et incinérer à une température aussi
basse que possible, au rouge sombre.

Eaux d'égout. — La composition chimique des
eaux d'égout est très variable, néanmoins elle se
rapproche quelque peu de celle du purin dilué.

D'après M. Schlœsing, un mètre cube d'eau d'égout
prise dans le collecteur de Saint-Denis et recevant
les eaux de Bondy contient :

Matières minérales...................... 1ᵏ943
    —   organiques... .... 1.378
Azote................................. 0.140

Déjections humaines.— Les matières de vidanges
constituent un des meilleurs engrais dont on puisse
faire usage en jardinage ; elles sont très actives et
beaucoup plus riches que le fumier de ferme.

D'après les expériences de Barral, la quantité
moyenne des déjections solides et liquides pour un
homme adulte est de 1 k. 224 par jour.

Dans une année, un homme rend, dans ses déjections, environ :

4.700 grammes d'azote.
1.000   —   d'acide phosphorique.
1.000   —   de potasse.

L'emploi de cet engrais présente cependant un
inconvénient : c'est l'odeur qu'il dégage ; il peut
même présenter un danger, car il peut renfermer
des microbes pathogènes de la fièvre typhoïde et du
choléra, par exemple. Aussi, avant d'utiliser l'engrais,
de vidange, est-il indispensable de le désinfecter
et de le stériliser. Une foule de substances ont été
préconisées dans ce but, notamment le charbon de

bois, le sulfate de fer, etc. ; mais, d'après les expériences récentes de M. Petermann, celle qui convient le mieux est l'*acide phosphorique liquide* du commerce, à un degré de concentration de 45 à 50 0/0 qui coûte 4 à 5 francs le kilogramme. Il agit à la fois comme désinfectant et comme stérilisant à l'égard des microbes pathogènes que les matières fécales peuvent renfermer. On l'emploie à la dose de 1, 1 1/2 ou 2 0/0 de déjections.

L'analyse de ces produits se fait comme pour les eaux d'égout.

Poudrette. — La poudrette n'est d'un emploi avantageux que lorsqu'on peut se la procurer à bas prix sur les lieux de production, car c'est un engrais assez pauvre. La composition de la poudrette varie d'ailleurs beaucoup comme le montrent les analyses qui suivent :

Poudrette de Montfaucon........	1.88 %	d'azote
— —	1.78	—
— de Bondy	1.52	—
— —	1.5 à 2.0	
— de Bordeaux..........	1.59 à 1.78	
— de Nantes	1.5 a 2.3	
— d'Orléans............	1.39	

L'analyse de la poudrette est donc une opération qui s'impose. Voici, d'après M. L'Hote, la manière d'y procéder :

1° Dosage de l'eau. On opère sur 2 grammes de matière additionnés de 0,5 d'acide oxalique. Dessiccation à l'étuve à 110°.

2° Dosage de l'azote. On opère sur la matière desséchée comme il vient d'être dit.

3° Dosage de l'acide phosphorique. 10 grammes de poudrette desséchée sont incinérés dans une

capsule de porcelaine. La cendre est traitée par
l'acide chlorhydrique dilué. La liqueur acide
séparée du résidu est précipitée par le nitrate d'ammoniaque, l'ammoniaque et le chlorure de magnésium.

Il y a lieu de faire observer qu'une petite quantité
de silice est précipitée avec le phosphate ammoniaco-
magnésien.

Guano. — Le guano, formé d'excréments d'oi-
seaux marins, plus ou moins altérés par leur exposition à l'air, est un engrais complexe, d'une très
grande valeur fertilisante.

L'analyse y a décelé de l'acide urique, du carbonate, oxalate et chlorhydrate d'ammoniaque, des
phosphates de chaux et de potasse, des chlorures
alcalins et des matières terreuses.

Leur composition quantitative est d'ailleurs très
variable, comme le montrent les analyses suivantes
de **M.** Boussingault :

	GUANO DE			
	Lobos	Pabellon de Pica	Iles de Los Palos	Bolivie
Matières organiques et sels ammoniacaux.	46.10	33.50	32.45	23.00
Phosphate de chaux basique..........	19.30	28.80	27.45	41.78
Acide phosphorique.	3.71	2.70	3.37	3.17
Sels alcalins........	11.54	14.45	7.38	11.71
Silice et sable.......	2.55	5.05	2.55	7.34
Eau..............	16.80	15.50	16.80	13.00
	100.00	100.00	100.00	100.00
Azote	10.80	6.13	5.92	3.38

On voit combien la proportion d'azote est variable ; aussi le guano ne doit-il être acheté que sur

garantie d'analyse, d'autant plus que cet engrais est très communément falsifié, car, en raison de la vogue dont il a joui il y a une quarantaine d'années, il est encore souvent demandé.

On dosera dans le guano : l'eau, les cendres, le sable et l'argile, l'acide phosphorique et l'azote. Les substances qui servent le plus communément à le falsifier sont : la terre, les cendres de houille, la craie, le plâtre.

Mais l'analyse du guano est très difficile et ne peut être réalisée que par un chimiste exercé. Voici par contre, d'après M. Grandeau, les caractères chimiques d'un guano pur:

1° Coloration jaune brun ; poudre légère, mélangée à des conglomérats plus ou moins volumineux très friables, présentant dans la cassure des points blancs qui ont souvent l'aspect cristallin ou lamelleux.

2° Une petite quantité de guano pur, arrosé de quelques gouttes d'acide nitritique et évaporé à sec avec précaution, laisse un résidu d'un beau rouge pourpre (acide urique).

3° Broyé dans un mortier avec un lait de chaux ou de la chaux hydraté, le guano dégage beaucoup d'ammoniaque.

4° Arrosé avec une solution d'hypochlorate de chaux ou de la lessive de soude bromée, il dégage de l'azote; 1 gramme de guano peut donner jusqu'à 60 à 70 centimètres cubes de gaz.

5° Mis en digestion avec de l'eau chaude, le guano pur cède à l'eau environ 50 0/0 de matières solubles ; la solution de guano pur est couleur de vin de Madère; dans le cas d'un guano de mauvaise qualité, elle est jaune clair.

La solution présente les caractères suivants :

a) Chauffée avec la chaux ou la soude, elle dégage une odeur fortement ammoniacale.

b) Après addition de sel ammoniac et d'ammoniaque avec du chlorure de magnésium, précipité de phosphate ammoniaco-magnésien.

c) Acide acétique et chlorure de calcium : précipité d'oxalate de chaux.

d) Avec l'acide chlorhydrique et le chlorure de baryum, précipité blanc de sulfate de baryte.

e) Le guano pur perd, par calcination, 60 à 70 0/0 de son poids.

f) La cendre doit être blanc grisâtre, jamais rouge ; traitée par l'acide nitrique, elle doit donner lieu à un faible dégagement d'acide carbonique. Le résidu, insoluble dans l'acide nitrique, s'élève de 1 à 3 0/0 ; la masse des sels alcalins fixes du guano varie de 5 à 8 0/0 de son poids.

Sang desséché. — Le sang desséché, très couramment employé aujourd'hui comme engrais horticole, se présente sous forme de petits grains noirs ou grisâtres, d'apparence cornée, à cassure brillante ; il contient en moyenne 13 à 14 0/0 d'eau ; de 10 à 13 0/0 d'azote, de 0,5 à 1,5 0/0 d'acide phosphorique et de 0,5 à 0,8 0/0 de potasse. Il dégage souvent une odeur forte et désagréable.

Grâce à sa couleur noire et à son aspect pulvérulent, le sang desséché est assez fréquemment falsifié. On y ajoute le plus communément de la poussière de charbon, de la terre, de la tourbe, du cuir torréfié en poudre, etc.

Dans l'analyse de cet engrais, on commence par

le broyer finement dans un mortier en fonte, puis on passe au tamis n° 110.

L'azote est dosé, sur 1 ou 0 gr. 50 de matière, par la chaux sodée. En ce qui concerne la recherche des falsifications, il va sans dire que les matières inertes, sable, terre, etc., en raison de leur insolubilité, sont faciles à mettre en évidence. L'addition du cuir torréfié, assez fréquente d'ailleurs, sera recherchée de la façon suivante, indiquée par M. L'Hote :

a) Si le cuir est ajouté au sang sec, on recherchera le tanin. Le sang pur, après traitement à l'eau distillée et filtration, ne colore pas le perchlorure de fer. Le sang additionné de cuir donnera, dans les mêmes conditions, une coloration noire.

b) Le sang moulu pur, traité à froid par la potasse au $\frac{1}{10}$ (sang : 2 grammes, potasse : 50 centimètres cubes), colore très peu l'alcali. Le cuir traité par le même réactif colore *immédiatement* en brun la solution alcaline. La liqueur brune saturée par l'acide chlorhydrique laisse précipiter des flocons bruns.

c) On isolera en partie le cuir mélangé au sang par un traitement à l'acide chlorhydrique. Le sang pur est soluble dans l'acide chlorhydrique chaud, tandis que le cuir ne se dissout que partiellement.

Tourteaux. — On utilise assez souvent, surtout dans la région du Nord, les tourteaux de graines oléagineuses comme engrais. Les plus employés sont ceux d'arachide, de cameline, de chanvre, de colza, de ravison, de pavot, de ricin et de sésame. Leur teneur en azote varie entre 7 et 3 0/0; on y trouve en général une faible quantité d'eau, 8 à

12 0 0; de 1 à 2 0/0 d'acide phosphorique et 4 à 10 0/0 d'huile.

Assez souvent ces tourteaux sont falsifiés avec des matières terreuses inertes. Pour rechercher celles-ci on broie finement quelques fragments de tourteaux et on délaye une pincée de la poudre dans l'eau ; s'il y a du sable ou des matières terreuses, celles-ci tombent au fond du vase ; s'il y a de la sciure de bois, elle surnage.

On peut encore verser sur la poudre quelques gouttes d'acide chlorhydrique et d'eau ; s'il se produit une effervescence, c'est qu'il y a adjonction de craie ou même d'écailles d'huîtres pulvérisées.

La détermination de l'eau se fait sur 10 grammes de poudre, à l'étuve chauffée à 105° ;

Le dosage de l'azote se fera par la chaux sodée ou de préférence encore par la méthode Kjeldahl.

La proportion plus ou moins considérable d'huile, qui reste dans les tourteaux les mieux pressés, et qui a son utilité dans les tourteaux alimentaires, est par contre inutile et parfois même nuisible dans les tourteaux engrais. Il y a donc un certain intérêt à déterminer cette proportion de matière grasse.

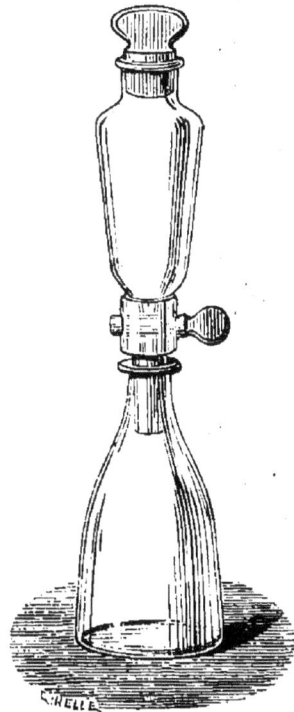

Fig. 22. — Appareil à déplacement.

Détermination des matières grasses. — Le procédé le plus simple consiste à faire usage du digesteur ou appareil à déplacement de Robiquet, dont le prix est de 6 ou 7 francs (fig. 22).

On introduit, après avoir fermé le robinet, 10 grammes de tourteau en poudre desséché à l'étuve, dans l'allonge supérieure de l'appareil, en ayant soin de tasser très légèrement ; puis on verse peu à peu de l'éther ou du sulfure de carbone et on ouvre très légèrement le robinet pour laisser écouler le liquide, qui, dissolvant la matière grasse, tombe dans le flacon inférieur. On recommence ainsi plusieurs fois, jusqu'à ce que le liquide qui coule ne laisse plus de tache grasse persistante sur un papier à cigarettes. A ce moment, on ferme le robinet ; l'allonge, avec son contenu épuisé, est portée à l'étuve et on pèse à nouveau. La différence de poids donne la proportion de matières grasses.

CHAPITRE VIII

CHAUX, MARNES ET PLATRES

Chaux. — Quoique le chaulage constitue plutôt une pratique amendante de grande culture, il n'est pas rare qu'il soit appliqué aux terres de jardins, notamment aux terres très humifères, aux défrichements de marais surtout, où la chaux produit d'excellents résultats.

On sait que la chaux doit être répandue à l'entrée de l'hiver à la dose moyenne de 3 à 5 hectolitres par hectare et par an ; mais le plus généralement, pour éviter des frais de main-d'œuvre, on ne fait les chaulages que tous les dix ans, alors la dose est portée à 40 ou 60 hectolitres par hectare.

Il y a lieu aussi de considérer les diverses variétés de chaux, qui n'ont pas toutes les mêmes propriétés, mais qu'un essai très simple, par l'acide chlorhydrique, permet de caractériser aisément.

Voici, à ce propos, ce que dit M. P. P. Dehérain :

La qualité des chaux varie avec la nature des calcaires dont elles proviennent. Les calcaires très purs donnent une chaux qui se gonfle et se boursoufle, *foisonne* aussitôt qu'elle est mise en contact avec l'eau ; l'élévation de température est considérable. Cette variété est désignée sous le nom de *chaux grasse*.

Les calcaires qui renferment une proportion notable de sable donnent des chaux qui foisonnent beaucoup moins que les précédentes; elles n'augmentent pas de volume de la même façon. On les désigne sous le nom de *chaux maigres*.

Enfin, on appelle *chaux hydrauliques* celles qui sont fournies par les calcaires qui renferment une proportion notable d'argile; ces chaux sont précieuses pour la construction, elles durcissent après leur mélange avec l'eau et conservent leur dureté après l'immersion dans l'eau. Elles sont particulièrement employées pour les constructions qui doivent être immergées.

On distinguera facilement ces diverses variétés de chaux les unes des autres, en attaquant la chaux éteinte ou le calcaire primitif, par l'acide chlorhydrique étendu, et examinant la nature du résidu insoluble; s'il crie sous la baguette de verre, c'est du sable, et la chaux est maigre; si, au contraire, il est doux au toucher, d'aspect terreux, c'est de l'argile, la chaux est hydraulique et ne devra être employée qu'après son extinction complète à l'air; car, ainsi qu'il a été dit, elle durcit dans l'eau; si donc elle était répandue après la cuisson sans s'être délitée à la première pluie, elle durcirait sur le sol et serait plus nuisible qu'utile. Enfin, si le résidu insoluble laissé par l'acide chlorhydrique est faible, la chaux est grasse.

Comme on le voit, cet essai est de la plus grande simplicité.

Il arrive parfois que les chaux sont mal cuites, que des morceaux de calcaire ont passé dans le four sans se décomposer; on pourra en apprécier la quantité en pesant une certaine quantité de chaux, l'éteignant, puis la noyant dans l'eau, de façon à faire un *lait de chaux* qu'on jettera sur un tamis médiocrement fin : le lait de chaux passera, et les *incuits* restés sur le tamis seront pesés après dessiccation.

Lait de chaux. — On sait que le *lait de chaux* est fréquemment employé en horticulture pour badigeonner les murs d'espalier, ainsi que le tronc des arbres fruitiers atteints par divers parasites animaux et végétaux. Il est toujours utile d'ajouter au lait de chaux employé pour cet usage quelques gouttes de pétrole, de phénol, de sulfate de cuivre, ou encore de lysol, pour en augmenter l'action.

Marnes. — Ce que nous avons dit des chaulages appliqués aux terres de jardins s'applique également aux marnages.

La marne est un mélange naturel et en proportions très variables de carbonate de chaux et d'argile, qui possède la propriété de se déliter à l'air. On y trouve aussi, et accessoirement, des quantités plus ou moins considérables de sable, de sulfate de chaux, de matières organiques.

Les marnes ne sont pas, à vrai dire, des combinaisons chimiques, mais les éléments qui les composent sont unis si intimement entre eux, qu'il est impossible de fabriquer artificiellement un mélange jouissant des mêmes propriétés : c'est ce qui résulte des remarquables expériences de M. de Gasparin.

On voit qu'il ne faut pas confondre, comme on le fait si souvent, les *marnes* avec les *calcaires argileux;* en définitive, le véritable caractère distinctif des marnes véritables consiste dans la faculté qu'elles possèdent de se déliter à la manière de la chaux, lorsqu'elles sont mouillées ou exposées à l'action de l'air pendant un temps suffisant.

Suivant leur composition on distingue : les *marnes calcaires*, les *marnes argileuses*, les *marnes siliceuses*, les *marnes gypseuses* et les *marnes humifères*.

Essai des marnes. — L'essai d'une marne comporte deux opérations :

1° Essai chimique (composition);

2° Essai mécanique (aptitude au délitement).

A) L'essai chimique comporte un petit nombre d'opérations assez simples, qui ont été parfaitement bien résumées par M. Isidore Pierre :

1° On commence d'abord par dessécher la marne à l'étuve ou tout simplement au four, jusqu'à ce qu'elle cesse de diminuer de poids. La diminution de poids représente la quantité d'eau;

2° On prend 10 grammes de marne sèche; on les introduit dans un verre à bec ou dans une capsule, dans laquelle on verse peu à peu un mélange de 50 grammes d'acide chlorhydrique et de 100 grammes d'eau. Il faut éviter de verser trop d'acide à la fois sur la matière à essayer, surtout au commencement de l'opération, parce que l'effervescence pourrait être assez vive pour projeter hors du vase une partie de la matière, et l'opération serait manquée. On évite cet inconvénient en versant l'acide par petites quantités et agitant chaque fois le mélange.

3° Lorsque l'opération est terminée, ce que l'on reconnaît à ce qu'il ne se dégage plus de bulles dans le liquide depuis au moins une demi-heure, on verse, sur un filtre placé dans un entonnoir de verre, le contenu du vase, c'est-à-dire la matière liquide et le résidu solide qui s'était déposé (au lieu d'un filtre simple, c'est-à-dire formé par une seule feuille de papier non collé, il vaut mieux faire usage d'un filtre double, formé de deux feuilles du même papier exactement superposées). On rince le vase à plusieurs reprises avec de l'eau distillée ou de l'eau de pluie, bien propre, et l'on verse, à chaque fois, les eaux de lavage sur le filtre en évitant de le faire déborder. On continue ces lavages jusqu'à ce que les dernières gouttes d'eau qui sortent à la partie inférieure de l'entonnoir ne produisent plus de taches rouges sur une feuille de papier colorée en bleu par une légère couche de teinture de tournesol.

4° On dessèche avec soin le double filtre et la matière solide qu'il renferme, jusqu'à ce que deux pesées consécutives, faites à un quart d'heure d'intervalle, donnent le même poids : on sépare alors avec précaution les deux filtres ; le filtre extérieur, placé sur l'un des plateaux de la balance, sert à faire équilibre à l'autre filtre placé sur le second plateau ainsi que la matière solide qui s'y trouve. De cette façon, on n'a pas à se préoccuper du poids du filtre, qui, sans ce petit tour de main bien simple, s'ajouterait au poids du résidu. La différence du poids des deux filtres donne le poids de la matière unie au carbonate de chaux. Ce dernier, au contraire, a été complètement décomposé et ses éléments non volatils entraînés dans la liqueur.

Quand on a un peu l'habitude de ces sortes d'analyses, l'aspect du résidu, et surtout son action sur les organes du toucher, suffisent pour en faire connaître très approximativement la nature. Lorsqu'on manque de cette habitude, ou que l'on veut se rendre un compte plus parfait, on délaie ce résidu dans l'eau, dans un verre à pied, on laisse reposer une minute, puis on fait écouler avec précaution

l'eau surnageante et ce qu'elle tient en suspension :
on recommence avec de nouvelle eau et l'on continue
jusqu'à ce que la dernière soit claire après une
minute de repos.

Voici ce qui se passe alors : l'argile, plus ténue
que le sable, peut rester en suspension dans l'eau
plus longtemps que ce dernier, qui se dépose au
fond presque immédiatement après la cessation de
l'agitation ; quand on verse l'eau surnageante au
bout d'un temps suffisamment long pour que le
sable ait pu se déposer, mais insuffisant pour le
dépôt de l'argile, cette dernière seule sera entraînée.
Il est difficile d'éviter qu'il s'en dépose toujours un
peu, et c'est pour cette raison que l'on est obligé de
recommencer l'opération plusieurs fois.

On recueille et l'on dessèche cette matière déposée,
qui n'est autre chose que du sable.

B) Pour faire l'essai mécanique, on met, dans une
terrine ou capsule à bec un peu profonde, 1 kilogramme de marne ; on ajoute assez d'eau pour la
couvrir entièrement et on la laisse digérer pendant
une heure, puis on agite et l'on décante immédiatement ; on remet de nouvelle eau pour faire une ma-
nœuvre semblable à la première et l'on continue
ainsi jusqu'à ce que l'eau reste claire après l'agitation ; on sèche les fragments ou noyaux non délités,
puis on les pèse ; la différence entre ce poids et le
poids primitif d'un kilogramme représente le poids
de la marne réelle.

Plâtre. — Le plâtre peut être employé de deux
manières en horticulture : ou bien on l'applique au
printemps sur des plantes en végétation, notamment
sur les Légumineuses, c'est alors un véritable *plâ-*

trage; ou bien il est mélangé aux engrais chimiques pour en augmenter l'action et surtout le volume, de manière à rendre leur répartition plus facile (1). En tous cas, le plâtre, étant constitué par du sulfate de chaux, apportera toujours de la chaux à la terre. Le plâtre peut être employé à l'état *cru* ou à l'état *cuit*. Le plâtre cuit est obtenu en calcinant les plâtres crus à une température d'environ 300°.

Au bout d'un certain temps, le plâtre cuit s'hydrate à l'air, surtout dans les magasins humides; il contient ordinairement 8 à 10 0/0 d'eau, tandis que le plâtre cru en renferme 21 0/0.

Le plâtre cru est très peu soluble dans l'eau; il se dissout plus facilement quand il a été porphyrisé; mais, même dans cet état, il faut encore, pour dissoudre quelques grammes de sulfate de chaux naturel, employer un volume d'eau considérable et prolonger longtemps l'action du liquide.

Le plâtre est souvent mélangé de carbonate de chaux, d'argile, de sable et de matières organiques. Il aura d'autant plus de valeur que la proportion de sulfate de chaux réelle sera plus forte.

Essai du plâtre. — Cet essai comporte deux opérations principales :

1° Dosage de l'eau : on pèse 5 grammes de plâtre porphyrisé, c'est-à-dire réduit en poudre fine, et on dessèche dans une capsule à l'étuve à 100°; la perte de poids donne l'eau hygrométrique.

2° Sulfate de chaux. On traite 1 gramme de plâtre en poudre fine par un mélange de 10 centimètres cubes d'eau et de 10 centimètres cubes d'acide chlo-

(1) Voy. H. JOULIE et DESBORDES : *Les Engrais en horticulture.* 1 vol. Bibliothèque d'horticulture et de jardinage.

rhydrique. Cette attaque doit se faire à chaud, par
exemple au bain de sable, dans une capsule en porcelaine. S'il reste des matières insolubles, au bout
d'un quart d'heure, on filtre. Dans la liqueur encore
chaude on ajoute du chlorure de baryum. Il se
forme un précipité insoluble de sulfate de baryum
qu'on laisse reposer quelques heures. On filtre au
moyen d'un filtre préalablement taré, le précipité ci-
dessus reste sur le filtre; on le lave à plusieurs
reprises à l'eau chaude. Il ne reste plus qu'à dessécher à l'étuve (100°) le filtre et le précipité qu'il contient. Pour avoir la proportion de sulfate de chaux
réelle, on multiplie le poids du précipité par 0,584
si on a affaire à du plâtre *cuit;* si c'est du plâtre
cru, on multiplie par 0,738.

Falsifications. — Les plâtres destinés aux usages
agricoles, étant toujours livrés en poudres, sont
souvent l'objet de nombreuses falsifications, qui
consistent à y ajouter, soit de la craie ou de la
marne, des poussières de chaux, du sable ou des
cendres de houille tamisées. La recherche, tout au
moins qualitative, de ces falsifications est très simple,
surtout en opérant suivant les indications de
M. Gouriau, reproduites ci-dessous :

a) Détermination de la présence de la chaux éteinte. —
On met quelques grammes de plâtre dans un verre
à pied, et on les agite avec de l'eau distillée. Au
bout de quelques instants, on décante le liquide sur
un filtre, et on ajoute dans le liquide filtré quelques
gouttes de sirop de violette.

Si la liqueur verdit, c'est l'indice que le plâtre a
été additionné de chaux éteinte.

b) Recherche d'une addition de marne, craie sable,

argile, cendres de houille : On prend un matras d'**un** demi-litre de capacité et on y introduit de 4 à 5 grammes de plâtre, puis 300 centimètres cubes d'eau acidulée d'acide chlorhydrique dans la proportion d'un cinquième. On porte le matras sur un bain de sable et on maintient pendant plusieurs heures le mélange à une température voisine de 100°.

Dans ces conditions, plusieurs cas peuvent se présenter :

1° Dissolution complète de la matière sans effervescence sensible ni résidu insoluble appréciable : *plâtre de bonne qualité.*

2° Production d'une effervescence vive et prolongée, puis dissolution complète au bain de sable : *plâtre additionné de craie ou de marne.*

3° Dissolution incomplète, avec ou sans effervescence, résidu insoluble notable : *plâtre additionné de sable ou d'argile.*

4° Résidu insoluble recueilli sur un filtre et laissant apercevoir après dessiccation de petits fragments anguleux de charbon : *plâtre additionné de cendres de houille.* Dans ce dernier cas, la liqueur filtrée est ordinairement colorée en jaune.

CHAPITRE IX

ENGRAIS CHIMIQUES

Les engrais ou sels chimiques, dont l'emploi s'est tant généralisé depuis quelques années, peuvent être tout naturellement divisés en trois groupes, suivant l'élément fertilisant qu'ils doivent apporter au sol.

1° Engrais azotés :

> Nitrate de soude,
> Sulfate d'ammoniaque.

2° Engrais phosphatés :

> Scories de déphosphoration,
> Phosphates naturels,
> Superphosphates.

3° Engrais potassiques :

> Nitrate de potasse,
> Chlorure de potassium,
> Sulfate de potasse,
> Kaïnite.

Nous ne pouvons songer à indiquer ici, même sommairement, les méthodes chimiques employées pour déterminer la teneur de ces substances en éléments utiles : ce sont là des manipulations longues et difficiles, nécessitant des connaissances très étendues, une longue pratique et un laboratoire bien outillé. Mais ce que l'horticulteur doit être à même de faire, c'est de déterminer la nature d'une de ces substances, pour ne pas confondre, par exemple, un nitrate de soude avec un sulfate de potasse, ou un superphosphate avec un chlorure de potassium, car ces divers engrais n'ont pas la même action et leur prix est également très différent.

Ce que l'horticulteur doit savoir aussi, c'est reconnaître, par quelques essais très simples, les principales falsifications ou adjonctions frauduleuses, dont les engrais chimiques sont si souvent l'objet.

Détermination des engrais chimiques. — Les engrais dont il s'agit étant des sels chimiques, il y aura lieu de déterminer, pour chacun d'eux, l'acide et le métal : ainsi, pour reconnaître un nitrate de soude, il faudra caractériser d'abord l'acide nitrique ou azotique, puis le sodium.

Deux cas peuvent tout d'abord se présenter :

1° Le sel est soluble dans l'eau,

2° Le sel est insoluble dans l'eau.

Tous les engrais précédemment énumérés sont solubles, à l'exception des *phosphates naturels* et des *scories de déphosphoration*, qui sont insolubles, et des *superphosphates* qui ne sont que très partiellement solubles.

Voyons d'abord les sels solubles.

A) **Acides.** — On prend environ 10 grammes du sel qu'on dissout dans 80 ou 100 centimètres cubes *d'eau distillée* tiède. Cette dissolution s'effectue dans un verre à pied (fig. 7, page 13) et on remue avec un agitateur.

C'est sur ce liquide que porteront les essais, qui

seront exécutés dans de petits tubes à essais (fig. 23).

On opérera toujours sur de petites quantités de solution, de même une ou deux gouttes de réactifs suffiront pour obtenir les précipités qu'on cherche (1).

Fig. 23.
Tubes à essais.

1° *Sulfates*. — On essaie d'abord par le chlorure de baryum : s'il y a un précipité blanc abondant insoluble dans l'acide chlorhydrique, c'est qu'on a affaire à un *sulfate*.

2° *Chlorures*. — Si on n'obtient pas de précipité avec le chlorure de baryum, on peut avoir affaire soit à un *chlorure*, soit à un nitrate.

Dans le premier cas, on essaie avec quelques gouttes de nitrate d'argent; les *chlorures* donnent

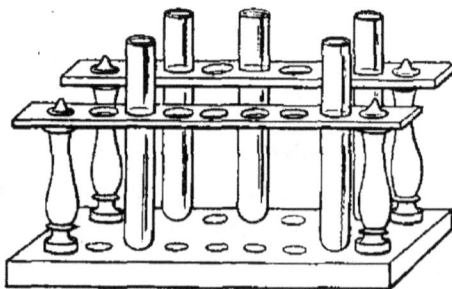

Fig. 24. — Tubes à essais placés sur un support.

avec ce réactif un précipité blanc caillebotté, qui noircit partiellement par une exposition de quelques heures au soleil.

3° *Nitrates*. — Si la solution ne précipite ni par le chlorure de baryum, ni par le nitrate d'argent,

(1) Il est bon d'avoir une certaine quantité de ces tubes qu'on placera dans un support (fig. 24).

on a probablement à déterminer un *nitrate*. Pour s'en assurer, on prend 5 ou 6 centimètres cubes de liquide dans le tube à essai, on y ajoute un fragment de *tournure de cuivre*, puis 5 à 6 centimètres cubes d'acide sulfurique et on chauffe légèrement. Dans le cas d'un nitrate, le cuivre se dissoudra avec dégagement de vapeurs rouges d'une odeur âcre et production d'une liqueur bleu verdâtre très caractéristique.

B) **Métaux ou bases.** — La dissolution saline est essayée avec un papier de tournesol bleu; si celui-ci ne rougit pas, on y ajoute une simple trace d'acide chlorhydrique pour la rendre très légèrement acide: c'est dans cette solution qu'on déterminera le métal.

1° *Ammoniaque.* — L'adjonction de quelques gouttes de réactif de Nessler donne, avec les sels ammoniacaux, un précipité rouge jaunâtre.

2° *Calcium.* — Les sels de calcium, avec l'oxalate d'ammoniaque et sous l'influence d'une douce chaleur, donnent un précipité blanc insoluble d'oxalate de calcium.

3° *Potassium.* — Les sels de potassium ne sont pas d'une détermination très facile et on peut aisément les confondre avec les sels de sodium. Il faut donc faire au moins deux essais.

Le premier consistera à ajouter un excès d'acide tartrique (ici, il faut opérer sur une dissolution saline concentrée), on aura un précipité blanc cristallin.

Le second consiste à ajouter de l'acide picrique, qui donne avec le potassium un précipité jaune insoluble.

4° *Sodium.* — Les sels de sodium ont une réaction négative, et on peut être presque sûr, tout au moins en bornant les essais aux substances qui précèdent, que si on n'a pas obtenu soit la réaction de l'ammoniaque, soit celle du calcium, soit celle du potassium, on doit se trouver en présence du sodium.

. Pour s'en assurer, on ajoute du *périodate de potasse basique en* DISSOLUTION CONCENTRÉE : les sels de sodium donnent alors un précipité blanc assez facile à caractériser.

Engrais chimiques insolubles. — Pour déterminer ou reconnaître une *scorie de déphosphoration* (1), on attaque 1 gramme de matière dans une capsule en porcelaine par l'acide chlorhydrique additionné de quelques gouttes d'acide nitrique. Le mélange est évaporé à sec, le résidu insoluble est repris par de l'acide azotique et de l'eau et on chauffe pendant une demi-heure, on ajoute un peu d'eau, et à la solution filtrée on ajoute du nitro-molybdate d'ammoniaque. Sous l'action de la chaleur, on obtient alors un précipité jaune.

Pour caractériser un phosphate de chaux naturel, dont l'aspect extérieur varie d'ailleurs beaucoup, une des méthodes les plus simples consiste à prendre quelques grammes de la matière à essayer qu'on traite par l'acide azotique ; puis on chauffe légèrement dans une capsule en porcelaine ; au bout de quelques minutes, on filtre le liquide et, dans la liqueur claire, on verse du nitro-molybdate d'ammoniaque en assez grande quantité. On abandonne le

_____

(1) Les scories de phosphoration sont encore appelées phosphates basiques, phosphates Thomas, ou phosphates métallurgiques.

mélange, pendant quatre ou cinq heures, à la température de 40 degrés (bain de sable), et on laisse refroidir. Il se produit alors un précipité jaune-citron très caractéristique.

Détermination du degré de finesse des phosphates et des scories.

— Les phosphates naturels et les scories sont d'autant plus actifs qu'ils se trouvent à un degré de finesse plus grand, la surface sous laquelle ils se présentent aux agents dissolvants du sol et des racines augmentant considérablement avec cette finesse.

On peut admettre que les particules qui se présentent sous des dimensions assez fortes n'exercent pas d'action sur la végétation et doivent être regardées comme inertes et sans valeur.

De cette notion découle la nécessité de déterminer, pour ces produits, la quantité qui en reste **sur** le tamis, c'est-à-dire qui est à un état non utilisable.

L'usage s'est établi de recourir au tamis **métallique** n° 100, dont les mailles présentent un écartement régulier de 0 mm. 017.

Pour les phosphates naturels, on doit exiger qu'il n'en reste pas sur le tamis plus de 10 0/0, c'est-à-dire qu'il y ait au moins 90 0/0 à l'état de poudre fine traversant le tamis.

Pour les scories, on doit exiger qu'il n'en reste pas sur le tamis plus de 20 0/0, c'est-à-dire que 80 0/0 au moins doivent passer à travers les mailles **du** tamis.

Falsifications du nitrate de soude.

— Il faut toujours se défier d'un nitrate de soude contenant

moins de 15.5 0/0 d'azote. Il n'est pas rare que cet
engrais soit falsifié avec du sable ou du sel marin.
dont l'adjonction ne modifie pas sensiblement l'apparence du produit.

Pour reconnaître le sable, on fait dissoudre une
vingtaine de grammes de nitrate dans l'eau tiède, en
agitant; s'il y a du sable, celui-ci, insoluble, tombe
au fond.

La présence du sel marin ou chlorure de sodium
se reconnaît avec le nitrate d'argent qui donne un
précipité blanc.

On peut encore avoir recours au procédé suivant,
d'une extrême simplicité, qui a été indiqué par
M. J. Loverdo dans l'*Agriculture nouvelle*.

On place dans une cuiller en fer un petit échantillon du nitrate à essayer, et on le met au-dessus
du feu. Si la marchandise est pure, l'échantillon se
fond lentement et tranquillement en cinq minutes,
et commence cinq minutes plus tard à brûler avec
une flamme bleuâtre. Si le nitrate renferme soit du
chlorure de sodium, soit du chlorure de potassium
en mélange avec d'autres sels, il est à peine sur le
feu qu'il commence à cracher et à donner lieu à de
petites explosions.

Falsification du sulfate d'ammoniaque. — Ce sel
doit renfermer environ 20 0/0 d'azote ; il est moins
souvent falsifié que le nitrate. Cependant, on rencontre assez souvent dans le commerce des sulfates
d'ammoniaque d'origine anglaise, de couleur rouge
ou noirâtre, coloration qui doit éveiller l'attention,
car souvent elle dénote la présence de *sulfocyanures*,
sels toxiques pour la végétation, même à très faible
dose. Pour les reconnaître, on traite une dizaine de

grammes de l'engrais par l'eau, on filtre, et à la liqueur claire on ajoute quelques gouttes de per-chlorure de fer. La présence d'une très faible quan-tité de sulfocyanure est signalée par une belle colo-ration rouge de sang caractéristique.

Falsification des phosphates naturels. — Comme les phosphates provenant de la Meuse et des Arden-nes sont les plus riches en acide phosphorique, que d'autre part ces produits ont toujours une couleur verte plus ou moins intense, on a eu l'idée de colo-rer en vert les phosphates pauvres de la Somme afin de donner le change sur leur origine.

Ce verdissage se fait avec des couleurs d'aniline. Pour le mettre en évidence, on laisse digérer pen-dant quelques heures quelques grammes de phos-phates dans de l'alcool à 90°; s'il y a une couleur d'aniline, l'alcool la dissout et se colore, tandis qu'avec les phosphates naturellement verts (colorés par la glaucorie), l'alcool ne se colore pas.

Falsification des scories de déphosphoration. — Les falsifications des scories sont beaucoup plus nombreuses, quoique ces engrais se vendent égale-ment au litre.

Souvent on y ajoute du poussier de charbon, ce qui est facile à découvrir : il suffit d'agiter dans l'eau quelques grammes de la scorie suspecte pour voir le charbon se séparer partiellement et venir surnager.

Beaucoup plus souvent on ajoute aux scories des phosphates naturels et spécialement du phos-phate alumineux de Rodondo (Amérique du Sud).

Avec la méthode de Richters Foïsler, on reconnaît cette fraude. Elle repose sur ce qu'une lessive froide de soude dissout le phosphate d'alumine de Rodondo et ne dissout pas celui des scories.

On met 2 grammes de farine de scories avec 10 centimètres cube de lessive de soude à 7 ou 8° Baumé dans un flacon ; on laisse plusieurs heures en agitant fréquemment. On filtre, on acidule par l'acide chlorhydrique, puis on ajoute quelques gouttes d'ammoniaque. Avec les scories fines, il se produit un précipité à peine visible. S'il y a seulement 5 0/0 de phosphate alumineux, on obtient un fort précipité gélatineux de phosphate d'alumine. La falsification des scories avec les *phosphates naturels* se constate par le procédé de Wagner.

On met en digestion 2 gr. 50 de scories avec 100 centimètres cubes de citrate acide (1) additionnés de 100 centimètres cubes d'eau. On laisse pendant vingt-quatre heures, puis on filtre et dans 100 centimètres de liqueur filtrée, on précipite l'acide phosphorique à l'état de phosphate ammoniaco-magnésien. Les phosphates minéraux et le phosphate de Rodondo sont fort peu solubles dans le citrate acide. Pour les scories, 75 0/0 au minimum de la teneur en acide phosphorique total sont solubles dans le citrate d'ammoniaque acide. (L. L'Hote.)

Superphosphate d'os additionné de superphosphate minéral. — Les superphostates provenant du traitement par l'acide sulfurique de poudre d'os (superphosphates d'os) ayant une valeur fertilisante supérieure à ceux qui provienent du traitement des phosphates minéraux, on ajoute parfois une pro-

---

(1) Obtenu en dissolvant dans un litre d'eau distillée 150 gr. d'acide citrique et 28 grammes d'ammoniaque.

portion plus ou moins considérable de ces derniers aux superphosphates d'os.

Pour reconnaître cette falsification, ou plutôt cette substitution, une certaine quantité de superphosphate est calcinée, puis reprise par l'acide chlorhydrique dilué. Un superphosphate d'os ne doit laisser qu'un résidu insoluble très faible, tandis qu'avec les produits minéraux il y a un résidu plus ou moins abondant, mais toujours notable, de silice, d'alumine et d'oxyde de fer insolubles.

CHAPITRE X

SOUFRES, SULFATE DE CUIVRE ET BOUILLIES CUPRIQUES.

Soufres destinés au traitement des vignes. — Depuis quelques années, il se fait dans les pays vignobles et chez les jardiniers, une grande consommation de soufre pour le traitement des vignes et autres végétaux atteints de l'oïdium ou de maladies similaires.

Or, l'action du soufre est d'autant plus grande qu'il est plus divisé. Les doses seront d'autant plus réduites et la dépense moins grande, que la pulvérisation sera plus parfaite. C'est pour cela qu'on a essayé de mélanger le soufre à des poussières très fines, dans le but de le diviser le plus possible.

En horticulture, on emploie trois variétés de soufre:

1° Le soufre sublimé ou fleur de soufre;

2° Le soufre trituré;

3° Le soufre d'Apt.

On pourrait citer une quatrième variété, le soufre amorphe, n'existant qu'accidentellement dans les deux premiers, dont il représente un état physique différent. Il est insoluble dans le sulfure de carbone et se trouve dans la proportion de 18 à 30 0/0 dans les soufres sublimés et de 2 à 5 0/0 dans les soufres triturés.

D'une excellente étude publiée sur les soufres par

l'*Agriculture nouvelle* sous la signature de M. C. Rampon, nous extrayons ce qui suit, ayant trait aux mérites respectifs de ces variétés de soufre et aux moyens de les reconnaître :

Le soufre sublimé ou fleur de soufre est doux, onctueux au toucher, il glisse facilement sous les doigts et craque sous la pression. Il a une teinte jaune paille plus intense que le soufre trituré ; sa seule supériorité sur ce dernier est d'être plus fin. Au microscope, il se présente sous forme de globules sphériques, ayant leur surface hérissée de petites aspérités. Ce corps est obtenu en distillant dans de grandes chambres de plomb le soufre à l'état natif. Lorsque la matière se dépose sur les parois de ces chambres, elle forme quelquefois de petites agglomérations qui ont reçu le noms de *sablons*. Elles sont l'indice d'une qualité inférieure, on ne les pulvérise que difficilement.

Pendant la distillation, il se produit toujours une petite combustion qui donne lieu à un dégagement d'acide sulfureux ; plus tard, ce dernier se transforme en acide sulfurique. D'après M. Marès, ce dernier corps s'y trouverait dans la proportion de quinze à trente dix-millièmes du poids du soufre. La présence de l'acide sulfurique a des avantages et des inconvénients ; il agit énergiquement sur l'oïdium, mais il occasionne des maladies inflammatoires aux yeux des ouvriers et ronge les sacs dans lesquels le soufre est contenu.

Le soufre trituré ne glisse pas aussi facilement sous les doigts et craque davantage sous la pression ; il a une couleur plus claire. Au microscope, il se présente sous la forme de petits cristaux plats et irréguliers qui adhèrent très bien sur les feuilles de la vigne. Ce corps n'est autre chose que du soufre natif ou bien en canon, auquel on a fait suivre plusieurs triturages et blutages. Ces opérations peuvent l'amener à un très grand état de division, mais jamais égal à celui de la fleur de soufre. Le soufre trituré est meilleur marché ; en outre, il ne s'agglomère pas et ne contient pas d'acide sulfurique, ou du moins il n'en renferme qu'une quantité insignifiante. Ces diverses raisons le font employer presque exclusivement pour le soufrage des vignes. Sa couleur est d'autant plus blanche qu'il est passé plus de fois sous la meule ; il ne faut donc pas s'étonner de cette teinte qui pour certains pourrait être considérée comme un indice de falsification. Du reste, les fraudeurs trouvent le moyen de lui donner une fort belle couleur foncée au moyen de l'ocre jaune.

La fleur de soufre et le soufre trituré sont tous les deux solubles dans le sulfure de carbone. Dans la pratique courante, pour apprécier rapidement leur degré de pureté, il est procédé de la manière suivante : on plonge dans l'eau une petite quantité des deux soufres et on la retire ; s'ils sont purs, ils ne doivent pas se laisser mouiller par l'eau ; si le contraire a lieu, cela indique la présence de matières étrangères. Pour déterminer la proportion dans laquelle s'y trouvent ces dernières, on soumet du soufre à la calcination et on recueille le résidu, qui en donnera une idée fort approximative.

A l'état pur, la fleur de soufre ne doit donner aucun résidu quand on la brûle. Quant au soufre trituré, il n'est jamais complètement exempt de matières étrangères ; mais lorsqu'il a été bien raffiné avant sa trituration, le degré d'impureté est excessivement faible.

Une des grandes qualités du soufre est, comme
nous l'avons déjà dit, son extrême finesse. On peut apprécier cette dernière au poids; plus ce dernier sera
faible pour un même volume, plus la matière sera
fine. Ce mode d'appréciation toutefois ne peut être
utilisé que tout autant que le soufre ne sera pas falsifié.
Le parti le plus sage est de s'assurer au préalable si
ce corps est soluble dans le sulfure de carbone, ou s'il
laisse des résidus par la calcination. On peut encore
se rendre compte de son degré de finesse au moyen
de l'éprouvette Chancel. Cette dernière consiste en
une sorte de tube à essai divisé en 100 parties et
mesurant 25 centimètres de longueur. On y introduit
cinq grammes de soufre, et on achève de remplir
avec de l'éther. Le tube est ensuite fortement
agité, pour que le liquide pénètre entre tous les in-
terstices de la matière ; on laisse reposer jusqu'à ce
que le soufre soit tassé au fond du tube. Ce tasse-
ment est plus lent pour le soufre trituré que pour la
fleur de soufre. En lisant le nombre de divisions
occupées par la matière, on peut se rendre compte
de son degré de finesse.

D'après M. Viala, les bonnes fleurs de soufre oc-
cupent de 50 à 70 divisions du tube Chancel; celles
de qualité supérieure, 75 à 90; les triturés les plus
fins, 60 à 70, et les ordinaires, 40 à 43.

Nous avons vu que dans beaucoup de régions on
mélangeait le soufre à des poussières très fines.
Ainsi, par exemple, dans le Médoc, on l'emploie en
mélange avec du charbon finement pulvérisé. Dans
le Midi de la France, on emploie beaucoup le *soufre
d'Apt*. Cette matière contient environ 80 % de plâtre
et 20 % de soufre; elle provient des mines du dé-
partement de Vaucluse, découvertes en 1855, par

M. Pelouze. Déjà, M. Kopcinski avait proposé le
mélange de soufre et de plâtre; les premiers essais
donnèrent de bons résultats, et aujourd'hui le soufre
d'Apt est beaucoup employé dans certains vignobles. On double les doses du soufre ordinaire;
malgré cela, la dépense est quatre fois moindre. L'effet produit est un peu plus faible, aussi on ne fait
usage de cette matière que pour les derniers soufra-
ges. Avec le soufre d'Apt, on n'a pas à redouter le
grillage des raisins; en outre, lorsque l'opération
est faite peu de temps avant la vendange, on ne
s'expose pas à communiquer au vin un mauvais
goût de soufre.

Après s'être rendu compte des différentes variétés
de soufre utilisées en viticulture, on comprend facilement que la quantité de matière à employer pour
chaque soufrage est très variable. Elle dépend en
outre du développement du parasite, de la perfec-
tion des instruments et de l'habileté des ouvriers.

Pour la fleur de soufre, on distribue en moyenne
15 kilos par hectare à la première opération, 30 kilos
à la seconde et 40 à la troisième. Pour le soufre trituré, les doses sont un peu plus fortes : au premier
soufrage on emploie en moyenne 15 kilos par hectare, 50 kilos au moment de la floraison et 60 à 70
avant la véraison. Pour le soufre d'Apt, la quantité
est généralement double de celle du soufre sublimé.

Sulfate de cuivre. — Le sulfate de cuivre ou *vitriol
bleu*, encore appelé *couperose bleue*, est aujourd'hui
d'un emploi très courant en viticulture et en horticulture, non seulement pour la préparation des
bouillies cupriques dont il est question plus loin,

mais encore pour le sulfatage des paillassons, des échalas, des tuteurs et des coffres.

Comme pour le soufre, précédemment étudié, il importe de faire usage de sulfate de cuivre présentant certaines qualités chimiques déterminées. Avant d'examiner cette question, nous croyons utile de donner quelques renseignements concernant les préparations de sulfate de cuivre.

Pour le sulfatage des pailles servant de liens et des paillassons, on verse dans une futaille défoncée par un bout un peu plus de moitié d'eau ordinaire; puis, par chaque hectolitre d'eau, on ajoute 2 kilogr. de sulfate de cuivre ordinaire. Ce sel doit être mis dans un panier hors de service que l'on maintient suspendu dans le liquide au moyen d'une ficelle et d'un bâton placé en travers de la futaille. Aussitôt que le sulfate de cuivre est dessous, on plonge dans la futaille les bottes de paille ou les paillassons qui doivent rester immergés vingt-quatre heures ; on laisse égoutter et on met sécher à l'ombre (1). Pour

---

(1) Tout récemment, M. A. Petit, chef du Laboratoire de recherches de l'École nationale d'horticulture de Versailles, a attiré l'attention sur le danger que présente l'emploi du sulfate de cuivre pour prolonger la durée des bois destinés à la construction des coffres.

Ce sel, en contact avec le fumier des couches destinées aux cultures de primeurs, subit une réduction, un dégagement d'hydrogène sulfuré ne tarde pas à se produire, et comme ce gaz est éminemment toxique, la culture exposée à son action est gravement compromise.

La réduction des sulfates étant due à des microorganismes, on pourrait objecter que le sulfate de cuivre échappe à leur action, grâce à ses propriétés antiseptiques. Mais il ne faut pas oublier qu'au contact des carbonates alcalins du fumier, il est immédiatement décomposé et qu'il se forme du même **coup des sulfates alcalins aux dépens desquels une** proportion **parfois** considérable d'hydrogène sulfuré peut alors s'opérer.

le sulfatage des bois, échalas, tuteurs, planches, etc.,
on procède de la même manière, mais la durée d'immersion doit être plus prolongée, huit à quinze jours.
Avec les essences tendres et fraîchement coupées,
huit jours de trempage suffisent ; il faut quinze jours
pour les bois coupés de plusieurs mois. La durée
d'immersion sera également plus longue pour les
grosses pièces.

Bouillie bordelaise et bouillie bourguignonne. — La
bouillie bordelaise se prépare, comme on le sait, avec
du sulfate de cuivre et de la chaux ; la bouillie
bourguignonne n'en diffère que par la chaux, qui est
remplacée par du carbonate de soude.

On a donné un grand nombre de formules de ces
bouillies.

Une des plus simples et aussi des plus efficaces
est celle de M. Michel Perret, connue sous le nom de
« bouillie au saccharate de cuivre ».

En voici la formule :

> 100 litres d'eau,
> 1 kilogramme de sulfate de cuivre,
> 1 — de chaux vive,
> 1 — de mélasse.

La meilleure préparation consiste :

1º A hydrater la chaux avec 5 litres d'eau ;
2º A dissoudre le sulfate de cuivre dans 5 litres d'eau ;
3º A délayer la mélasse dans 5 litres d'eau ;
4º A projeter le tout dans 100 litres d'eau.

Cette bouillie bleu très clair doit être employée
telle quelle.

La bouillie bourguignonne a été proposée par
M. Masson, qui l'a surtout appliqué au traitement du
Mildiou des vignes.

Pour obtenir ce produit, on fait dissoudre d'une

part 2 kilogrammes de sulfate de cuivre dans 3 litres
d'eau, de l'autre 3 kilos de cristaux de carbonate de
soude dans 5 litres d'eau ; on mélange les solutions
et on complète les 100 litres d'eau.

Eau céleste. — On a fait, dit M. Ed. Prillieux, à la
bouillie bordelaise le reproche, d'une part, d'être
difficile à répandre avec un pulvérisateur, surtout
quand elle est un peu épaisse ; elle encombre le
tube et le bec qu'il faut fréquemment déboucher ;
elle se dépose dans le réservoir de la plupart des
instruments. En outre, le dépôt qu'elle laisse sur les
feuilles n'y est pas très adhérent et peut être assez
aisément lavé par les pluies. On a cherché à obtenir
d'autres substances analogues à la bouillie, mais
qui pussent être répandues sur les feuilles à l'état
liquide. M. Audoynaud, alors professeur à l'École
d'Agriculture de Montpellier, a proposé de décomposer le sulfate de cuivre, non par la chaux, mais par
l'ammoniaque. Quand on verse de l'ammoniaque
dans une solution de sulfate de cuivre, il se forme
du sulfate d'ammoniaque qui reste dissous, et de
l'oxyde de cuivre hydraté qui se précipite d'abord ;
mais aussitôt que l'ammoniaque est en léger excès,
ce précipité se redissout en formant une liqueur
d'un très beau bleu, c'est l'*eau céleste* des pharmaciens.

Poudres cupriques. — On emploie aussi contre
les maladies cryptogamiques, et notamment contre
le Black Rot, des poudres à base de cuivre, qui donnent parfois de très bons résultats. Parmi les plus
importantes, il faut citer :

La *sulfostéastite cuprique*, obtenue en versant sur
la poudre de talc une solution saturée de sulfate

de cuivre; on fait sécher la pâte ainsi obtenue, on la passe au blutoir et on obtient une poudre blanche légèrement teintée de bleu, qui contient en moyenne 10 pour 100 de sulfate de cuivre.

La *poudre Skawinski* est obtenue en mélangeant 10 parties de sulfate de cuivre finement pulvérisé avec 90 parties de soufre en poudre.

Falsification du sulfate de cuivre. — En raison du prix élevé du sulfate de cuivre et de l'énorme consommation qui en est faite aujourd'hui, ce sel est souvent falsifié par une addition de sulfate de fer, d'un prix beaucoup moindre, ou encore, de potasse, de soude ou de zinc. Le sulfate de cuivre ne doit donc s'acheter que sur garantie d'analyse.

Il est certain qu'on ne trouve pas, dans le commerce, du sulfate de cuivre chimiquement pur : mais la proportion de sulfates étrangers, et surtout de sulfate de fer, ne doit pas dépasser un certain taux.

L'analyse du vitriol bleu est une opération délicate, mais on peut s'assurer de sa pureté par un essai très simple.

Prendre une pincée de ce sel et le faire fondre dans un verre de cristal avec de l'eau distillée (surtout bien claire). La dissolution étant complète, on verse quelques gouttes d'ammoniaque et on ajoute un peu d'eau.

Si le sel est pur, on obtient une liqueur d'un bleu très limpide, comme celui que les pharmaciens mettent dans les grands globes de leur étalage.

Si, au contraire, le sel n'est pas pur, la teinte est sale, foncée, puis elle s'éclaircit, devient limpide, mais il se dépose au fond du verre une matière floconneuse d'une couleur sensiblement bleu noir.

Pour reconnaître la présence du sulfate de fer, on en fait bouillir une forte pincée avec de l'eau acidulée par quelques gouttes d'acide nitrique, et, si on ajoute un excès d'ammoniaque, de manière à redissoudre le précipité d'oxyde de cuivre, une poudre d'un rouge brun d'oxyde de fer reste à l'état insoluble. Il est facile d'en connaître la proportion en pesant le précipité après l'avoir lavé et séché.

Sulfate de fer. — On emploie assez souvent aussi le sulfate de fer, ou vitriol vert ou couperose verte, non seulement pour la destruction des mousses sur les pelouses et les gazons, mais encore pour enlever la mousse qui croît sur les arbres.

Dans le premier cas, le procédé le plus simple consiste à faire usage de purin additionné de sulfate de fer (5 à 6 kilogrammes pour un tonneau de 600 litres) ; il est bon de faire deux arrosages à un mois d'intervalle.

Pour les arbres couverts de mousse et de lichen, dont l'effet nuisible n'est pas moins contestable, on commence par racler l'arbre, après quoi on badigeonne avec la solution suivante :

Eau	100 litres
Chaux grasse........................	10 kil.
Sulfate de fer......................	2 kil.

L'opération doit être répétée de temps à autre.

Contrairement au sulfate de cuivre, le sulfate de fer, qui est d'ailleurs bien meilleur marché, n'est que très rarement falsifié.

CHAPITRE XI

PRODUITS INSECTICIDES EMPLOYÉS
EN HORTICULTURE

Le soufre, le sulfate de cuivre, le sulfate de fer et les diverses *bouillies*, étudiés dans les chapitres qui précèdent, sont employés par le viticulteur et le jardinier, pour lutter contre les diverses maladies cryptogamiques qui attaquent les plantes en végétation.

Pour combattre les insectes, les larves, les chenilles qui font des dégâts non moins importants dans les jardins, ces produits sont généralement insuffisants, et il faut alors avoir recours à d'autres substances, dites insecticides, que les jardiniers cultivant de petites étendues sont par cela même plus à la portée d'employer que les cultivateurs, qui opèrent sur de grandes surfaces.

Mais, pour être efficace, l'emploi des produits insecticides doit être fait d'une manière rationnelle et en toute connaissance de cause : le jardinier doit donc être au courant de leurs propriétés chimiques ; c'est pour cela que nous les examinons, tout au moins sommairement, dans ce chapitre. Il va sans dire que nous laisserons de côté l'emploi pratique des insecticides et leur application spéciale à la destruction de telles ou telles espèces nuisibles, pour n'envisager ces substances qu'au point de vue purement chimique.

Sulfure de carbone.

Sulfure de carbone. — Comme son nom l'indique, le sulfure de carbone est une combinaison du soufre avec le carbone ou charbon.

C'est un liquide incolore ou très légèrement jaunâtre, transparent, réfractant fortement la lumière; il est très mobile, dégage une odeur forte très désagréable, provoquant des maux de tête lorsqu'on la respire un peu longtemps.

A la température de 15°, la densité du sulfure de carbone est de 1,271.

Il bout à la température de 46° et la densité de sa vapeur est 2,67.

Le sulfure de carbone est un liquide très volatil, et ses vapeurs forment, avec l'air, des mélanges détonants dangereux à l'approche du feu; aussi doit-on prendre de grandes précautions dans le maniement de cette substance et ne jamais en approcher une flamme, car le liquide lui-même **prend feu** avec une très grande facilité.

Il faut même conserver le sulfure de carbone à l'abri de la lumière, car sous l'influence de celle-ci, il se décompose lentement et il se forme sur les parois du flacon une poudre brune qui est du **proto-sulfure de carbone**.

En raison de ses propriétés vénéneuses, le sulfure de carbone joue un rôle très important comme insecticide; c'est surtout contre le phylloxera qu'il a donné des résultats remarquables. Malheureusement, son emploi n'est pas commode, car il est à peu près insoluble dans l'eau, celle-ci n'en dissolvant que 1 0/0. Par contre, le sulfure de carbone est soluble dans l'alcool, l'éther et les huiles grasses.

Suivant la nature des sols, les vapeurs de sulfure de carbone se diffusent très différemment. M. G. Gastine a particulièrement étudié ce sujet et il résulte de ses intéressantes recherches que, tandis que cette diffusion est très rapide dans les terrains perméables, elle est très lente dans les sols compacts, et la permanence des vapeurs peut y devenir dangereuse.

Les doses à employer sont, par cela même, variables. Pour la destruction des vers blancs, on injecte le plus souvent, dans le sol, le sulfure de carbone avec un pal, à la dose de 15 à 20 grammes, par mètre carré.

Dans ces dernières années, on a eu l'idée de renfermer le sulfure de carbone dans des capsules de gélatine : ce sont ces capsules qu'on place dans la la terre à la profondeur voulue. La gélatine se putréfie rapidement et le liquide se diffuse. Ce mode d'emploi est beaucoup plus pratique, n'offre plus aucun danger et, en outre, il permet de doser rigoureusement le sulfure. Malheureusement, ces capsules sont d'un prix encore un peu élevé ; elles sont néanmoins susceptibles de rendre de grands services en horticulture, où on peut les employer sur des surfaces peu étendues.

Le sulfure de carbone du commerce se vend environ 1 franc le kilogramme.

Sulfo-carbonate de potassium. — Le plus sérieux inconvénient du sulfure de carbone est, comme nous venons de le voir, son insolubilité dans l'eau ; aussi M. Dumas a-t-il imaginé de combiner les sulfures de carbone et de potassium, obtenu ainsi le sulfo-carbonate de potassium, qui est soluble dans l'eau en toute proportion. Au contact avec celle-ci, il se décompose, d'une part en sulfure de carbone, qui agit comme insecticide, et d'autre part en sulfure de potassium, qui fournit de la potasse au sol.

Tel qu'on le trouve dans le commerce, ce produit se présente sous forme d'un liquide rouge, titrant 42 à 45° Baumé; il renferme alors environ 20 0/0 de potasse et 18 0/0 de sulfure de carbone.

On emploie le sulfo-carbonate de potassium étendu de 200 à 250 fois son volume d'eau, ou, préférablement encore, de purin. Voici, d'après M. H. Blin, comment ce produit se comporte dans le sol :

« Lorsqu'on arrose une terre avec cette substance, on constate une triple décomposition : l'hydrogène sulfuré et le sulfure de carbone se diffusent dans les particules terreuses; le carbonate de potasse, qui est isolé, pénètre dans les couches profondes qu'il enrichit. »

On prépare industriellement le sulfo-carbonate en agitant en vase clos du sulfure de carbone avec une solution concentrée de sulfure de potassium, et en chauffant le mélange vers 50°.

La puissance toxique du sulfo-carbonate dépendant surtout de la proportion de sulfure de carbone qu'il renferme, on a cherché une méthode d'analyse qui permette d'en déterminer le titre. Voici le procédé indiqué par MM. Finot et Bertrand. On introduit dans un ballon en verre léger, de 100 centimètres cubes de capacité, 10 grammes de sulfo-carbonate à essayer, puis 25 ou 30 centimètres cubes d'une solution concentrée de sulfate de zinc. Le ballon est fermé par un bouchon percé de deux trous : par l'un d'eux passe un tube à ponce imbibée d'acide sulfurique, et par l'autre un petit tube qui peut se

fermer à l'aide d'un caoutchouc et d'une pince. On
fait la tare de l'appareil, on l'agite et on chauffe légèrement. Il se forme d'abord du sulfo-carbonate de
zinc qui, par l'action de la chaleur, se dédouble en
sulfure de carbone, lequel se dégage à travers le
tube à acide sulfurique, ce qui l'empêche d'entraîner
de l'humidité. Quand le sulfo-carbonate s'est trans-
formé entièrement en sulfure de zinc blanc, on ouvre
la pince qui fermait l'un des tubes du ballon, on fait
passer un courant d'air sec au moyen d'un aspira-
teur, pour chasser complètement le sulfure de carbone, puis on laisse refroidir l'appareil et on pèse
de nouveau. La perte de poids indique le sulfure de
carbone pour 10 grammes de sulfo-carbonate ana-
lysé.

Acide sulfureux. — On préconise souvent, en
horticulture, l'emploi du gaz sulfureux pour la destruction de certains insectes nuisibles, notamment
de l'Anthonome, des chenilles de Liparis dispar, de
Chematobia brumata, de Bombyx neustria, de Bombyx chrysorhea et des pucerons qui sont très sensibles aux vapeurs d'acide sulfureux.

Ce gaz est assez facile à préparer, mais sa manipulation demande quelques précautions. En effet,
en le respirant, il provoque la toux et le larmoie-
ment; en outre, il détruit la plupart des matières
colorantes, surtout celles d'origine végétale. Pour
les usages horticoles, on prépare ce gaz en brûlant
du soufre au contact de l'air; certes, l'acide sulfureux ainsi produit se trouve alors mêlé avec de
l'azote et un excès d'air, mais cela ne présente ici
aucun inconvénient. Pour la destruction du trop cé-
lèbre anthonome du pommier, M. Paupinel con-

seille d'opérer de la manière suivante : Il suffit de
placer un kilogramme de soufre en canon, allumé
dans un vieux seau en fer-blanc hors d'usage, que
l'on promène entre toutes les branches de l'arbre ;
il faut un quart d'heure environ pour pratiquer la
fumigation d'un très gros arbre. Il va sans dire
qu'on choisira, pour pratiquer cette opération, un
temps calme, afin que les vapeurs ne soient pas dis-
persées au loin par le vent.

Carbure de calcium. — Le carbure de calcium,
employé pour la préparation de l'acétylène, a pu
être, lui aussi, utilisé comme engrais et comme insecticide. Enfoui dans le sol, ce carbure dégage de
l'acétylène sous l'influence de l'humidité du sol. Cet
acétylène contient une certaine quantité d'ammoniaque et de phosphure d'hydrogène. L'ammoniaque
agit comme fertilisant et l'hydrogène phosphoré
comme insecticide. M. Chuard a remarqué que les
résidus de la préparation de l'acétylène, traités par
l'eau, dégagent plus d'ammoniaque que n'en donne
le carbure lui-même.

Des résidus, pour ainsi dire sans valeur, constituent donc un produit fertilisant et un insecticide
d'une certaine efficacité.

Ce sont, en somme, les impuretés de l'acétylène,
et non pas l'acétylène lui-même, qui sont utilisables
à cet effet. M. Chuard a, en conséquence, fait préparer pour cet usage un carbure impur, contenant
une grande proportion de phosphure de calcium et
d'hydrogène phosphoré (quantité insuffisante, toutefois, pour que le gaz soit inflammable spontané-
ment). Ce produit est, paraît-il, très efficace pour
la destruction des vers blancs. Néanmoins, nous

devons faire remarquer qu'il est encore à l'étude.

Pétrole. — Le pétrole, qu'on a toujours sous la main, constitue un insecticide précieux qui réussit particulièrement bien contre bon nombre de chenilles. Mais on sait que l'huile de pétrole est insoluble dans l'eau, et employée pure elle détruit, non seulement les chenilles, mais encore les plantes sur lesquelles elles vivent. Le mieux est encore de faire usage de la formule suivante :

Eau...	100 litres
Savon noir............................	3 à 4 kilogr.
Huile de pétrole........................	3 litres

On commence par fondre le savon noir dans 20 litres d'eau chaude, on laisse refroidir ; puis on ajoute le pétrole en agitant le tout et on achève le mélange avec 80 litres d'eau. Ce liquide, qui est appliqué au moyen d'un pulvérisateur, doit être agité au préalable. On sait que le pétrole est un produit liquide, plus ou moins trouble, gras au toucher, de coloration rougeâtre par transparence et d'une nuance verte variable par réflexion ; très rarement transparent et jaunâtre lorsqu'il n'a pas été raffiné. Il a une odeur désagréable et pénétrante, parfois alliacée, comme par exemple celui qui vient du Canada ; il est insoluble dans l'eau et sa densité varie entre 0,78 et 0,883. Tel est le pétrole brut, non raffiné, qui, comme insecticide, est préférable au pétrole à brûler.

Pour déterminer la valeur des pétroles, on se sert le plus souvent de l'appareil de M. Deville. D'après la description donnée par M. J. Clouët, cet appareil comprend un ballon jaugé portant sur son col deux

traits marqués *pétrole* et *schiste;* un appareil distill-
latoire en métal avec son serpentin ; une éprouvette
graduée en centièmes et demi-centièmes avec son
aréomètre gradué en dix degrés, correspondant à la
température de l'huile à recueillir ; puis, comme
pièces accessoires, un thermomètre et une lampe à
alcool à mèche mobile. Pour l'essai, on remplit de
schiste ou de pétrole le ballon jusqu'au trait indi-
quant le liquide qui va être examiné, puis on verse
le contenu du vase dans l'alambic en laissant
égoutter le vase, et enfin on visse l'appareil sur son
serpentin. On remplit d'eau à 10 ou 15° le réfrigé-
rant de celui-ci, on place l'éprouvette pour recueillir
le liquide qui distillera et on y met de suite l'aréomètre (à schiste ou à pétrole, suivant le cas), puis
on allume la lampe et on chauffe de façon à ne pas
dépasser 18° pour ne pas volatiliser les produits les
plus légers ; on refroidit parfois cette éprouvette
lorsque cela est nécessaire. Après dix ou douze minutes, l'éprouvette est pleine ; on ne l'enlève que
lorsque l'aréomètre affleure dans le liquide un peu
au-dessus de 20° ; on remplace alors ce vase par un
verre à pied dans lequel on recueille 8 à 10 centimètres cubes de liquide, puis on éteint le feu. On
agite alors le contenu de l'éprouvette, sans en rien
perdre, on en prend la température ; puis, remettant
l'aréomètre dans le vase, on y verse goutte à goutte
le liquide du verre jusqu'à ce que l'aréomètre
indique le même degré que la température éprouvée.
Le nombre de divisions marqué sur l'éprouvette indique la quantité de kilogrammes d'huile contenue
dans 100 kilogrammes du pétrole examiné. Pour
les essais de schiste, il faut porter à une plus haute
température que pour le pétrole ; on obtient ce ré-

sultat en élevant davantage la mèche de la lampe à alcool.

On a également employé dans ces derniers temps, pour éloigner les insectes, et plus spécialement les vers blancs et les vers gris, les chiffons de laine enduits de pétrole, qu'on peut se procurer dans les gares de chemins de fer et dans bon nombre d'usines. Ces chiffons, incorporés dans le sol, constituent non seulement un bon insecticide, mais encore un excellent engrais à décomposition lente, qui convient tout particulièrement au pied des arbres.

Remarquons que le pétrole, quoique constituant un insecticide énergique, n'est pas infaillible. Tandis qu'il n'a aucune action sur la chenille du chou (*Piéride*), il tue radicalement les chenilles du *Liparis du saule*, à la condition, toutefois, qu'il soit employé en pulvérisations très fines.

Mixture insecticide à base de pétrole et de jus de tabac. — En 1893, la *Revue horticole* a porté à la connaissance de ses lecteurs une nouvelle formule d'insecticide, destiné à détruire les pucerons des pêchers. Cette composition a été employée dans plusieurs vergers, où elle a donné les résultats les plus satisfaisants.

Cet insecticide a, sur le jus de tabac pur, le double avantage de revenir moins cher et de ne point tacher les feuilles et les fruits, comme le fait la plupart du temps ce dernier.

Voici la composition de cette mixture :

Eau......	90 litres
Jus de tabac à 12 1/2...	1 litre
Savon noir dilué dans 10 litres d'eau bouillante.	1 kilo
Huile de pétrole....................................	1 litre

On agite fortement pour opérer le mélange de toutes ses parties.

L'opération se renouvelle tous les quatre jours jusqu'à la disparition complète des pucerons.

Benzine. — La benzine est encore quelquefois employée comme insecticide. On trouve aujourd'hui dans le commerce des capsules renfermant une dose déterminée de ce liquide, capsules semblables à celles que nous avons signalées pour le sulfure de carbone et dont l'emploi est très pratique dans les jardins.

Voici les principales propriétés de ce corps qui est un carbure d'hydrogène que l'on extrait des goudrons de la houille ; nous les empruntons en grande partie à M. Bouant :

Liquide incolore, très mobile, réfringent ; son odeur est ordinairement forte et désagréable, mais elle devient douce et agréable quand la benzine est bien pure. Sa densité est de 0,90 à 0° et 0,85 à 15°. Refroidie vers 0°, elle cristallise. Elle bout à 80° 4 sous la pression normale, en donnant une vapeur dont la densité, égale à 2,75, correspond à quatre volumes.

Presque insoluble dans l'eau, à laquelle cependant elle communique son odeur ; très soluble dans l'alcool, l'éther, etc. Elle dissout l'iode, le soufre, le phosphore, le camphre, les huiles grasses, etc.

La benzine est très inflammable ; elle brûle dans l'air avec une flamme éclairante et fuligineuse, en produisant de l'eau et de l'acide carbonique. Quand l'air n'arrive pas en quantité suffisante, il se forme un abondant dépôt de charbon.

Comme insecticide, on a tout avantage à employer

la benzine impure retirée du gaz d'éclairage, qu'on connaît sous le nom de *benzol* ; ce produit a une valeur d'environ 2 francs le litre, tandis que la benzine pure ou *benzine à détacher* se vend plus du double.

Naphtaline. — La naphtaline ou naphtalène, souvent employée pour la destruction des insectes et tout spécialement contre les vers blancs, est un carbure d'hydrogène solide, cristallisé en paillettes blanches et brillantes, qui dégagent une forte odeur empyreumatique.

Elle est insoluble dans l'eau, mais se dissout très facilement dans l'alcool.

Sa densité est de 1.158, son point de fusion 79°2.

La naphtaline est extraite du goudron de houille par la distillation.

La naphtaline brute du commerce, la seule dont on doive faire usage comme insecticide, se vend environ 0 fr. 40 le kilogramme.

Acide phénique. — **Crésol**. — En raison de son odeur forte, l'acide phénique a souvent été préconisé pour la destruction des insectes, mais il faut avouer que son emploi est loin d'être facile. D'abord parce qu'il est insoluble dans l'eau, ensuite parce que l'acide phénique est un caustique très violent, enfin parce que son prix est élevé.

On a également proposé le crésol, mais, tel qu'il est fourni par les fabriques de produits chimiques, il a à peu près les mêmes inconvénients; il n'en est pas de même d'un autre produit, le *lysol*, substance dont le crésol est l'agent actif et qui, par un procédé particulier, est rendue entièrement soluble dans l'eau.

On trouve dans le commerce le lysol sous deux formes : liquide et en poudre. Sous ces deux états, il rend de réels services dans la destruction, non pas de tous les insectes indistinctement, mais pour la destruction d'un grand nombre.

M. Mussat, professeur à l'École d'agriculture de Grignon et à l'École d'horticulture de Versailles, a fait, sur l'emploi de ce produit, des expériences très intéressantes, qui ont été communiquées à la Société nationale d'horticulture (séance du 8 août 1895).

Nous extrayons de ce rapport les considérations qui suivent :

D'après ce que j'ai vu, dit M. Mussat, aucune feuille, même parmi les plus molles et les plus délicates, n'est fâcheusement influencée par les pulvérisations de lysol à 4 $^0/_{00}$. Quant aux feuilles coriaces, comme, par exemple, celles des Camélias, des Lauriers, etc., elles supportent très bien une solution à 7 et même à 8 $^0/_{00}$. S'agit-il enfin de badigeonner au pinceau l'écorce de plantes ligneuses dans les fissures de laquelle on poursuit certaines larves ou insectes parfaits, il convient de mettre 10 grammes au moins de lysol par litre d'eau, et la dose peut presque toujours sans inconvénient être portée à 12 grammes.

Les pulvérisations ont été essayées contre un certain nombre d'insectes, et je dois dire tout d'abord que les résultats ont beaucoup varié suivant les cas. Tous les insectes pourvus d'une carapace solide, comme les Coléoptères, résistent parfaitement aux solutions qu'il est possible d'employer.

Tout autrement vont les choses quand l'expérience s'adresse à des animaux plus petits que ceux dont j'ai parlé, mais que leur petitesse même et leur nombre rendent souvent plus dangereux.

Les premiers essais dans cette direction ont porté sur différents Aphidiens aériens, et notamment le Puceron vert du Rosier, le Puceron jaune du Rosier, le Puceron du Prunier, le Puceron des Crucifères, etc. Toutes ces espèces se sont montrées très sensibles au lysol à 5 millièmes, tant à l'état aptère que sous la forme sexuée.

« J'ai pu, de cette façon, par trois pulvérisations faites de jour en jour, débarrasser entièrement de jeunes pousses de Rosiers autour desquelles les pucerons amoncelés formaient ces manchons verdâtres bien connus de tous. »

Les Thrips ne m'ont pas paru plus résistants que les pucerons, et quelques applications ont ordinairement suffi pour en détruire le plus grand nombre.

Tous les horticulteurs connaissent, pour en avoir plus ou moins souffert, les dégâts que peuvent causer à diverses plantes certaines espèces d'Acariens, parmi lesquels les plus connus, comme aussi les plus redoutables, portent les noms vulgaires, l'un de *grise* ou tisserand (*Tetranychus telarius*), l'autre d'araignée rouge (*Acarus cinnabarinus*). Ces deux espèces, vivant sur diverses Labiées des genres Sauge, Épiaire, etc., ont été attaquées par le lysol à 6 et 7 millièmes. Certainement les parasites n'ont pas été tués jusqu'au dernier, surtout dans le cas où ils étaient innombrables; mais le plus grand nombre a été détruit par quatre ou cinq applications répétées au jour le jour, et il a suffi ensuite de une ou deux pulvérisations par semaine pour que leur présence se maintînt dans les limites compatibles avec la végétation à peu près normale des plantes.

« Parmi les avantages que le lysol me paraît offrir, conclut M. Mussat, il en est quelques-uns qu'il est bon de signaler. Au premier rang se place l'innocuité parfaite pour l'opérateur du composé en question, tout au moins dans l'état de dilution indiqué. L'odeur en est assez vive au moment de l'emploi, mais non désagréable en somme, et elle disparaît assez vite, même dans les serres fermées. Il est également à remarquer que le liquide contenant une certaine quantité de potasse, sa chute sur le sol auquel il se mêle ne peut avoir qu'un effet favorable sur les plantes, qui sont, comme chacun sait, presque toutes heureusement influencées par cette base. On peut donc dire que le lysol agit en même temps comme insecticide et comme engrais. Enfin, l'application est des plus faciles et le prix est minime, ce qui n'est pas à négliger. »

Ajoutons que la poudre au lysol, répandue abondamment sur les fourmilières, en fait rapidement disparaître les habitants.

Les larves de pyrale, d'altise, de cochylis, de chématobie, de l'anthonome, du kermès, du négril, le tigre du poirier, la cloque du pêcher et toutes les autres larves, ainsi que les chenilles appartenant à tous les genres et principalement au genre Carpocapsa, sont détruites par des pulvérisations d'eau lysolée de 6 à 10 grammes par litre, surtout si on pratique, immédiatement après, un poudrage à la poudre au lysol.

Goudron. — Le goudron est souvent employé en horticulture où, dans maintes circonstances, on utilise ses propriétés antiseptiques et conservatrices, notamment pour enduire les coffres ou les piquets de palissades qui doivent être enfoncées dans le sol, souvent aussi les hangars et les arbres sont recouverts d'une couche de goudron pour les soustraire aux ravages de l'humidité ou des insectes.

Qu'est-ce donc au juste que le goudron ? M. A. Nantier nous apprend que c'est un produit noirâtre, plus ou moins visqueux, à réaction légèrement acide, doué d'une odeur forte et pénétrante, insoluble dans l'eau et plus dense qu'elle, qui se produit pendant la distillation des combustibles minéraux ou végétaux. Sa composition est très variable suivant sa provenance, la température à laquelle il a été obtenu ainsi que la rapidité de la distillation.

Les goudrons les plus employés sont ceux de houille et de bois qui, tous deux, sont formés d'un mélange très complexe de différents corps dont les principaux sont, pour le goudron de houille : la benzine, le toluène, la naphtaline, l'anthracène, des résines, etc. ; pour le goudron de bois : la paraffine, la créosote, l'acide phénique, etc. Tous ces corps proviennent, ainsi que l'a montré M. Berthelot, de réactions pyrogénées de l'acétylène et de l'éthylène (1).

L'Angleterre produit du goudron en abondance, surtout du goudron de houille ; elle en exporte des quantités énormes. Quant au goudron végétal, il est surtout produit par la Suède, la Russie et les États-Unis.

On se sert assez souvent aussi de *brai*, c'est-à-dire du produit obtenu par l'évaporation du goudron végétal, notamment de pin ou de sapin. Cette évaporation se

---

(1) *Dictionnaire populaire d'Agriculture pratique*, par Ch. DELONCLE et P. DUBREUIL, p. 852.

fait à l'air libre. On s'en sert surtout pour boucher les plaies faites aux arbres, on l'utilise aussi en l'étendant sur l'écorce, préalablement rabotée, des arbres attaqués par les insectes. Pour les mêmes usages, on emploie aussi le *brai gras de houille*, qui a une odeur forte et désagréable et une consistance épaisse. Ce produit est surtout fourni par la Belgique et l'Angleterre, qui le livrent au commerce en très grandes quantités et à un prix relativement très bas, si les frais de transport ne s'y opposent pas.

Naphtol. — Le naphtol provient du traitement de la naphtaline par l'acide sulfurique, puis par la potasse.

C'est le naphtol β, en dissolution dans l'eau, en mélange avec le savon blanc, que M. L. Mangin a proposé d'employer en horticulture à la fois contre l'extension de certains parasites végétaux ou animaux.

Le naphtol β est un corps solide, en lamelles brillantes, incolores, fusibles à 123° et bouillant à 285°. Il se vend environ 6 francs le kilogramme.

« Le naphtol β est très peu soluble dans l'eau, dit M. L. Mangin, dans la *Revue horticole;* un litre n'en dissout à l'ébullition que 2 grammes à peine; mais, en faisant dissoudre du savon blanc à la proportion de 60 grammes par litre, on peut obtenir une dissolution plus complète. »

Pour préparer cet insecticide, on fait bouillir de l'eau dans une bassine en tôle et on ajoute 60 grammes de savon blanc par litre; quand la dissolution est achevée, on ajoute petit à petit 20 grammes de *naphtol β brut* par litre d'eau, et on obtient un liquide brun qui, par le refroidissement, prend une teinte chocolat.

On le conserve en bouteilles pour l'étendre d'eau au moment de la pulvérisation.

S'il s'agit de protéger les plantes très délicates, plantes de serre au feuillage tendre, jeunes pousses, on devra diluer ce liquide dans un volume d'eau dix fois égal au sien au moins. Pour les plantes à feuillage coriace, il suffira de l'étendre de 5 fois ou 3 fois son volume.

Ainsi étendu, le liquide sera pulvérisé sur les organes à protéger, et son efficacité me paraît comparable à celle du naphtolate de soude.

Il sera toujours nécessaire, pour chaque espèce de plante, de chercher par tâtonnements la dose qui convient le mieux « *sans produire de brûlures* ».

M. Mangin a proposé l'emploi de ce produit contre les pucerons, ainsi que contre les anguillules (1) qui notamment causent, dans le Midi, la *maladie de la rouille* des immortelles.

Jus de tabac. — Improprement, mais plus communément connu sous le nom de *nicotine*, le jus de tabac est d'un emploi fréquent en horticulture, surtout pour la destruction des pucerons.

On fait usage du jus provenant du lavage et de la macération des tabacs dans les manufactures.

L'utilisation peut être effectuée soit par arrosages directs, soit sous forme de fumigations.

Par le premier procédé, on arrose les plantes avec des jus très faibles, marquant 1/2 à un degré à l'aréomètre Baumé. Ainsi, le jus à 12 1/2, que les

(1) Voir à ce sujet notre ouvrage : *Les animaux utiles et nuisibles à l'horticulture*, page 129 (1 vol. illustré. Bibliothèque d'horticulture et de jardinage). Prix 2 francs. O. Doin, éditeur, Paris.

manufactures livrent le plus souvent, doit être étendu de quinze à vingt fois son volume d'eau. Il est recommandé de procéder aux arrosages, ou plutôt aux pulvérisations, dans la soirée et non pendant les fortes chaleurs du jour. En tous cas, les plantes traitées devront être lavées le lendemain matin à l'eau pure.

Pour les fumigations, qui ne sont applicables que dans les serres, on fait usage de jus concentrés. On en projette une certaine quantité sur des briques chaudes, ou mieux sur des plaques de fonte ou de fer préalablement chauffées à une haute température. Il se produit immédiatement, dans la serre, une épaisse fumée, à laquelle les insectes sont extrêmement sensibles,

Les jus de tabac livrés par la Régie sont à l'état pur, ou bien dénaturés au moyen du goudron de Norvège; les deux espèces peuvent être indifféremment employées pour les usages horticoles.

Le commerce de détail des jus dénaturés, contrairement aux jus purs, est absolument libre. Des dépôts de cette espèce peuvent être établis à leurs risques et périls, auprès des syndicats agricoles, chez les horticulteurs, éleveurs, pharmaciens, épiciers, etc., et, en général, chez toutes les personnes qui désireraient en faire commerce. Ainsi mis à la portée immédiate du public qui en fait usage, ils pourront être achetés sans perte de temps et par quantités en rapport avec les besoins de chacun.

En 1896, l'administration des tabacs a mis en vente des jus de tabac titrés, riches en nicotine, dans des conditions nouvelles, qu'il est bon de porter à la connaissance des horticulteurs.

Voici les conditions de cette vente, d'après la notice publiée par l'administration :

« A la différence de ce qui se passe pour les jus ordinaires, purs ou goudronnés, la vente du titré sera effectuée dans les débits et les entrepôts, où le public pourra se les procurer librement comme le tabac.

Le liquide sera logé dans des bidons de fer-blanc soudés, munis d'une étiquette portant, avec l'indication sommaire du mode d'emploi, la marque de fabrique de la régie, ainsi que la contenance et le prix des bidons.

Ces bidons seront de trois calibres différents, contenant respectivement : 5 litres, 1 litre et 1/2 litre.

Les bidons seront vendus à la pièce, d'après le tarif suivant, qui comprend en même temps la valeur du récipient :

5 litres...............................	15 fr.
1 litre...............................	4 fr.
½ litre...............................	2 fr. 30

La mise en vente du jus de tabac titré, dans les entrepôts et les débits, constitue une innovation qui sera certainement accueillie avec faveur. Elle dispensera les acheteurs des formalités auxquelles ils ont été astreints jusqu'ici (demandes préalables, fourniture et envoi de récipients, etc.), et leur permettra de se procurer tout de suite et sans déplacement les produits qui leur seront nécessaires.

De plus, grâce au titrage du liquide à un taux fixe, les consommateurs pourront désormais au moyen de dilutions, dont il leur sera facile de graduer la richesse à leur gré, faire du nouveau jus un emploi méthodique, auquel ne se prêtent pas les jus ordinaires. Il est à remarquer enfin que le jus étant très pur et à

peine coloré, il n'aura pas, comme les produits mis
jusqu'à ce jour à la disposition du public, l'inconvénient d'encrasser les appareils de pulvérisation et de
tacher les fleurs. »

Quelques mois après la publication de cette notice,
la *Feuille d'information du Ministère de l'Agriculture* a
publié la note suivante, qui n'est pas moins impor-
tante :

Un syndicat d'horticulteurs s'est plaint à l'administration de l'agriculture que l'emploi du jus de tabac
n'avait pas donné les résultats attendus, et il émet-
tait l'avis que les matières destinées à dénaturer ce
produit avait dû nuire à son efficacité. La Régie, saisie
de la question, a fait savoir que les jus de tabac
qu'elle mettait à la disposition des agriculteurs étaient
dénaturés au moyen d'une très faible dose de goudron, matière inerte, incapable d'attaquer le tissu
des feuilles. De plus, elle a fait remarquer que d'importantes quantités de ces jus sont achetés aux
manufactures par des négociants, dans le but de les
revendre aux horticulteurs. Si ces jus manipulés à
nouveau ont été modifiés par l'introduction d'ingré-
dients destinés à amener la conservation des appro-
visionnements, l'administration ne peut en être
déclarée responsable. Dans tous les cas, l'analyse
chimique de ces produits indiquera toujours s'il y a
eu fraude.

Cinq manufactures sont, pour l'instant, chargées de
la préparation du jus riche en nicotine. Ce sont :
Paris (Gros-Caillou), Lille, Châteauroux, Tonneins,
Marseille.

Néanmoins, en attendant que l'usage du jus riche
se soit vulgarisé, et pour ne pas troubler trop brus-
quement les habitudes des consommateurs de jus

ordinaires non titrés, ces derniers produits continue-
ront provisoirement à être livrés dans les conditions
actuelles.

Il convient, en outre, de faire observer :

1° Que le jus titré étant cinq ou six fois plus riche
en nicotine que les jus ordinaires, il doit être étendu,
avant l'emploi, d'une quantité d'eau beaucoup plus
grande ; la proportion de ce mélange est, du reste,
indiquée sur les étiquettes ;

2° Que la manipulation du nouveau produit exige,
à raison de son degré de concentration, plus de soin
et d'attention que l'on en apporte d'ordinaire dans le
maniement des jus simples, qu'il sera bon, notamment, de ne pratiquer de fumigations dans les serres
qu'à la fin de la journée et de se retirer sur-le-champ
pour ne pas être incommodé par les vapeurs de
nicotine.

TABLE DES MATIÈRES

———

TABLE-INDEX ALPHABÉTIQUE

PARIS. — IMPRIMERIE F. LÉVÉ, RUE CASSETTE, 17.

www.ingramcontent.com/pod-product-compliance
Lightning Source LLC
Chambersburg PA
CBHW071913200326
41519CB00016B/4592